这里是辽宁

This is Liaoning

文体旅丛书

山海有情 天辽地宁

工业

刘 庆◎著

春风文艺出版社
·沈阳·

图书在版编目（CIP）数据

工业 / 刘庆著 . —沈阳：春风文艺出版社，
2025.2
（"山海有情 天辽地宁"文体旅丛书）
ISBN 978 - 7 - 5313 - 6650 - 8

Ⅰ . ①工… Ⅱ . ①刘… Ⅲ . ①工业建筑 — 文化遗产 —
介绍 — 辽宁 Ⅳ . ①TU27

中国国家版本馆CIP数据核字（2024）第038867号

春风文艺出版社出版发行
沈阳市和平区十一纬路25号　邮编：110003
辽宁新华印务有限公司印刷

责任编辑：孟芳芳　　　　　　责任校对：陈　杰
封面设计：黄　宇　　　　　　幅面尺寸：138mm × 207mm
字　　数：150千字　　　　　印　　张：6
版　　次：2025年2月第1版　　印　　次：2025年2月第1次
书　　号：ISBN 978-7-5313-6650-8
定　　价：60.00元

无尽的人地关系（代序）

近代地理学奠基人亚历山大·冯·洪堡认为，人是地球这个自然统一体的一部分。此观点随即让"人地关系"成为一个科学论题，也教给我们认识世界的方法。首先看地理，知吾所在；然后看人文，知吾是谁。

打开中国地图，或背负青天朝下看，东北有三省，辽宁距中原最近。南濒蔚蓝大海，北接东北平原，东有千山逶迤，西有医巫闾苍然，境内更兼辽、浑、太三河纵横。语曰：山川能说，可以为大夫。如此天辽地宁者，大夫不说，则愧对大自然所赐。

一方水土，藏一方文化。

看辽宁文化，需要回望1.2亿至2亿年前的辽西。深埋地下的热河生物群，几乎囊括了中生代向新生代过渡的所有生物门类。我们正是在那些化石上，看到了第一只鸟飞起的姿态，看到了第一朵花盛开的样子，看到了正在游动的狼鳍鱼瞬间定格之美。也正因为如此，辽西成为20世纪全球最重要的古生物发现地之一，被誉为世界级化石宝库。看辽宁文化，更要回望古代先民在辽宁现身时那一道道照亮天穹的光。28万年前的金牛山人，25万年前的庙后山人，7万年前的鸽子洞人，1.7万年前的古龙山人，7000年前的新乐人和小珠山人，绳绳不绝，你追我赶，从旧石器时代走到新石器时代。当然，他们都只是演出前的垫场，千呼万唤中，大幕拉开，真正的主角是红山人。在辽西牛河梁上，我们看见了5000年前的女神庙和积石冢，还有那座巨大的祭坛。众流之汇海，万壑之朝宗，职方所掌，朗若列眉，从那一天开始，潺潺千古的大辽河便以中华文明三源之一，镌刻于历史之碑。

一方水土，写一方历史。

其一，辽宁在中原与草原之间，写中国边疆史，辽宁占重要一席。东北土著有东胡、濊貊、肃慎三大族系。东胡族系以游牧为生，慕容鲜卑让朝阳成为三燕古都，契丹把长城修到辽东半岛蜂腰处，蒙古大将木华黎则让辽宁乃至整个辽东成为自己的封地。濊貊族系以农业为生，前有扶余，后有高句丽，从东周到隋唐，各领风骚700年，一座五女山城，更是让居后者高句丽在辽东刷足了存在感。肃慎族系以渔猎为生，从黑水到白山，从生女真到熟女真，渤海将辽东山地大部划入其境，女真通过海上之盟与宋联手灭辽，然后把辽宁当成入主中原的跳板，满族则以赫图阿拉、关外三陵和沈阳故宫，宣布辽宁为祖宗发祥之地。其二，汉以前，中原文化对东北有两次重量级输入，一次是箕子东迁，一次是燕国东扩。汉以后，灭卫氏朝鲜设四郡，灭高句丽设安东都护府，中原大军总是水路与陆路并进，辽宁始终站在一条历史的过道上，要么看楼船将军来征讨，要么看忽报呼韩来纳款，坐看夷地成中华，阅尽沉浮与兴衰。其三，近代史从海上开始，渤海海峡被英国人称为东方的直布罗陀，旅顺口则被英国人改叫亚瑟港，牛庄和大连湾更是先后变成英俄两国开埠的商港，震惊中外的甲午战争、日俄战争、九一八事变，让辽宁成为举世瞩目的焦点，于是，在辽宁就有了东北抗联，就有了《义勇军进行曲》，就有了辽沈战役，就有了抗美援朝保家卫国。历史一页页翻过，页页惊心动魄。

一方水土，生一方物产。

最天然者，一谓矿藏，二谓鱼盐。那些被电光石火熔化挤扁的物质沉睡地层亿万年，它们见过侏罗纪恐龙如何成为巨无霸，见过白垩纪小行星怎样撞击地球，也见过喜马拉雅运动和第四纪冰河。千淘万漉虽辛苦，吹尽狂沙始到金。于是，我们看到了，辽东有岫玉，辽西有玛瑙，抚顺有煤精，鞍山有铁石，盘锦虽是南大荒，地上有芦苇，地下有油田。更何况，北纬39度是一个寒暑交错的纬度，也是一个富裕而神秘的黄金纬度，在这个纬度上有诸多世界名城，它们是北京、纽约、罗马、波尔多、马德里，当然还有大连和丹东；在这个纬度上，有美丽而神奇的自然风景，它们是塔克拉玛干沙漠、库布其沙漠、青海湖、日本海、里海、地中海、爱琴海，当然还有环绕辽东半岛的渤海和黄海。公元前300年的"辽东之煮"，曾助燕一举登上战国七雄榜，而距今3000年前的以盐渍鱼现场，在大连湾北岸的大嘴子。迄至近世，更有貔子窝和复州湾走上前台，令大连海盐成为国家地理标志性产品。而大连海参，就是冠绝大江南北的辽参；大连鲍鱼，就是摆在尼克松访华国宴上的那道硬菜；丹东大黄蚬、庄河杂色蛤，则是黄海岸亚洲最大蚬子库的一个缩影。此外，还有营口海蜇、营口对虾、盘锦河蟹。辽河与辽东湾，你中有我，我中有你，方有奥秘杰作。最生态者，一谓瓜果，二谓枣栗。大连苹果、大连樱桃、桓仁山参、东港草莓、丹东板栗、黑山花生、朝阳大枣和小米、绥中白梨和鞍山南果梨，还有铁岭榛子、北票荆条蜜、抚顺哈什蚂、清原马鹿茸……物之丰，产之饶，盖因幅员之广袤，蕴含之宏富，土地之吐哺，人民之勤勉。

　　一方水土，养一方风俗。

古人曰：千里不同风，百里不同俗。古人又曰：历世相沿谓之风，群居相染谓之俗。古代辽宁，在农耕文明与游牧文明交互地带；近现代辽宁，在东方文明与西方文明对接地带。于是，土著文化、移民文化、外来文化在大混血之后，走向了融合与多元。于是，这个文化以其边缘性、异质性、冒险性，既穿行于民间，也流布于市井。在时光中沉淀过后，变成了锅灶上的美食，变成了村头巷尾的戏台，变成了手艺人的绝活儿，变成了过年过节的礼仪和讲究。最有辨识度的辽宁美食，在沈阳有满汉全席、老边饺子、马家烧麦、苏家屯大冷面；在大连有海味全家福、海菜包子、炸虾片、炒焖子；在鞍山有海城馅饼、台安炖大鹅；在抚顺有满族八碟八碗；在本溪有蝲蛄豆腐；在丹东有炒米楂子；在锦州有沟帮子熏鸡；在阜新有彰武手把羊肉。最具代表性的民间艺术，在沈阳有辽宁鼓乐、沈阳评剧、东北大鼓；在大连有复州皮影戏、长海号子、金州龙舞；在鞍山有海城高跷、岫岩玉雕；在抚顺有煤精雕刻、地秧歌；在本溪有桓仁盘炕技艺；在锦州有辽西太平鼓；在盘锦有古渔雁民间故事。最原真的民族风情，以满族、蒙古族、回族、朝鲜族、锡伯族为序，在辽宁有五个系列。若要下场体验，可以去看抚顺新宾满族老街、本溪同江峪满族风情街；可以去看阜新蒙古贞庄园、北票尹湛纳希纪念馆；可以去看沈阳西关回族美食街；可以去看沈阳西塔朝鲜族风情街、铁岭辽北朝鲜族民俗街；可以去看沈阳锡伯族家庙、锡伯族博物馆。民俗之复兴，是本土文化觉醒的重要标志，风情之淳朴，是本土文明的真正升华。

一方水土，扬一方威名。

近代世界，海陆交通，舟车四达，虽长途万里，须臾可至。当代世界，地球是平的，都会名城，同属一村，经济文化，共存一炉。辽宁是工业大省，前有近代工业遗产，后创当代工业传奇，写中国工业编年史，辽宁是不可或缺的重要一章。尤其是当代，辽宁既是名副其实的共和国长子，也是领跑共和国工业的火车头。沈阳铁西区，已经成为"露天的中国工业博物馆"。旅顺大坞、中船重工、大连港、大机车，已经以"辽宁舰"为新的起点，让现在告诉未来。鞍山钢铁厂、抚顺西露天矿、本溪湖煤铁公司、营口造纸厂、阜新煤炭工业遗产群，则用会当水击三千里的底气，托起辽宁工业腾飞的翅膀。辽宁是文博大省，行旅之游览，风人之歌咏，必以文化加持，而最好的载体，就是深沉持重的文博机构。辽宁在关外，文化积淀虽比不上周秦汉唐之西安，比不上六朝古都之南京，比不上金元明清之北京，却因地域之独特，而拥有不一样的出土，不一样的珍藏。而所有的不一样，都展陈在历史的橱窗里。既然不能以舌代笔，亦不能以笔代物，那就去博物馆吧。文物是历史的活化石，正因为有辽宁省博物馆、辽宁古生物博物馆、大连自然博物馆、旅顺博物馆、朝阳博物馆以及朝阳鸟化石国家地质公园等等，辽宁人确切地知道自己是谁，究竟从哪里来，因而对这方土地保持了永远的敬畏与敬意。辽宁也是体育大省，因为有四季分明的北方阳光，因为有籽粒饱满的北方米麦，也因为具备放达乐观的北方性格，辽宁人的运动天赋几乎是与生俱来。所以，田径场上，就跑出了"东方神鹿"王军霞；足球场上，就踢出了神话般的辽宁队、大连队；奥运会上，更有14个项目获得过冠军。最吸睛的，当然是足、篮、排三大球，虽然没有走向世界，但在中国赛场上，只要辽宁队亮相，就会满场嗨翻。看辽宁人的血性，辽宁人的信仰，就去比赛场上看辽宁队。

当今中国，旅游经济已经走过三个时代，这三个时代分别是观光时代、休闲时代、大旅游时代。观光时代，以旅行社、饭店、景区为主，最多逛逛商业街，买买纪念品，完成的只是到此一游。休闲时代，以行、游、住、食、购、娱为主，于是催生了"印象系列""千古情系列""山水经典"系列，也只不过多了几个卖点。如今已是大旅游时代，特点是旅游资源无限制，旅游行为无框架，旅游体验无穷尽，旅游消费无止境。就是说，考验一个地方有没有文化实力的时候到了，所谓大旅游时代，就是要把一个资源，变成一个故事，一个世界，一个异境，然后让旅游者蜂拥而至，让这个资源成为永动机，让情景地成为去了再去、屡见屡鲜的经典。

正因为如此，有了这套"山海有情 天辽地宁"文体旅丛书，梳理辽宁文体旅谱系，整合山水人文资源，献给这个方兴未艾的大旅游时代。

素　素

2025年1月于大连

目录

铁流凝变

——中国工业博物馆

2012年5月18日，人类史上的第三十五个国际博物馆日，中国工业博物馆在沈阳的铁西区举行了开馆仪式。这一天，中国工业博物馆为世界博物馆史增添了荣誉，写下了辉煌的一笔。

中国工业博物馆坐落于沈阳市铁西区卫工北街14号。走进工业博物馆，映入眼帘的是一座重达50吨、高18米的青铜浮雕，浮雕镌刻的是新中国成立后第一炉钢水出炉的壮观景象，气势磅礴的巨大铜雕名字叫作《铁流凝变》。

2012年国际博物馆日的主题是"处于变革世界中的博物馆：新挑战，新启示"。

"变革"和"世界"这两个词像两颗火流星从天而降，而铁流凝变，正是中国工业博物馆的真实写照。

"挑战"和"启示"两个词加上"新"字之后，像两枚超音速火箭分别射向过去与未来。

沈阳是中国工业史的发轫之地。曾经，铁西区为新中国工业史创造了无数个第一。

沈阳第一机器厂制造了新中国的第一枚金属国徽。沈阳重型机械厂炼出了共和国成立后的第一炉钢水。第一台变压器、第一台18马力蒸汽拖拉机、第一辆无轨电车、第一枚地对空导弹——红旗一号导弹……仅沈阳铁西区北二路上的37家大型企业就有幸创造了共

中国工业博物馆

和国工业史上350个第一。沈阳第一机床厂自行研制的第一台普通车床被用作1960年版贰圆人民币图案。

现在，曾经创造过辉煌的重型机械设备静静地矗立着，雕塑着辉煌的时光。这些都已经是不可移动的文物。

中国工业博物馆是国内首家综合性工业博物馆，以装备制造业为主，涵盖21个主要工业门类，占地面积8.5万平方米，建筑面积6.5万平方米，展陈面积4.5万平方米。

20世纪30年代初的铁西规划地图、1900年的中东铁路钢轨、西周青铜盉、春秋时期盔甲、殷商时期铜镜都是如今的馆藏。征集的文物来自上海、北京、内蒙古等20多个省区市及香港特别行政区，包括国家一级文物1件，国家二、三级文物10件。目前有1300多件实体文物。

中国工业博物馆建设的故事同样传奇。

新中国成立之初，沈阳铸造厂的主要产品是铸造锅炉和暖气片。当时的铸造厂占地面积33万平方米，职工人数多达5800人，年生产能力最大时曾达到3.8万吨，为通用、重矿、机床、冶金、汽车、石化等多个行业提供产品。

2007年4月17日，沈阳铸造厂浇铸完成最后一件产品——鼓风机壳之后，铸造厂整体搬迁，留下了服役半个多世纪的厂房和设备。

高30米，最长距离超100米，红砖砌筑成的沈阳铸造厂的大型厂房里，塔林管线密密麻麻，一座冲天炉夺人心魄。冲天炉重300吨，高27米，每小时熔炼铁水10吨。

2002年8月17日，以沈阳低压开关厂搬迁改造为标志，铁西区正式拉开"东搬西建"的序幕。东搬西建，就是将铁西区东部的工厂搬迁到西部。该计划旨在通过拆除老旧建筑，建设新的商业、住

中国工业博物馆内部场景之一

中国工业博物馆内部场景之二

宅和公共设施，提高区域的生态环境和居住品质。

标志性的老旧建筑，就是铁西人，乃至沈阳人曾经引以为傲的那些旧厂房、旧厂区。

过去的岁月里，这些旧厂区刻写了历史的钢硬和坚韧。过去的时光中，这片土地留下了共和国工业史最火热最滚烫的记忆。

原铸造厂的厂房拆还是不拆？拆了可以置换成高档住宅或者商业区，不拆意味着铁西区政府财政的巨大损失。经过反复论证，铁西区委区政府作出重大决定，把铸造厂的一车间改造成铸造博物馆。

原铸造厂的混砂、落砂、排砂、抛丸系统保留下来了，冲天炉、10吨天吊及运输轨道保留下来了，举架高达30米的厂房和原铸造厂一车间的原貌保留下来了，大量的图片、文字和音像营造着工人生产的场景。

一个不再生产的老厂房再次焕发了生机和活力，一座集中展现东北老工业区工业文脉的铸造博物馆由此诞生。

中国工业博物馆是沈阳铁西工业发展史的实体证物，近现代工业历史文物资料书写着沈阳工业发展的沧桑变化，更见证着沈阳这座工业名城百年记忆的历史。

斑驳铁锈的滑梯扶手，曾经轰鸣的车间厂房，萦绕弥散的岁月回响，历史的车轮和时光刚硬地摩擦，蓦然将人们拉回那个火热的年代，体味钢水奔流的卓绝，体味激情燃烧的粗犷。

站在中国工业博物馆的大门口，仰望这座现代化的巨大场馆，我们不由得感叹，铁西是幸运的，沈阳是幸运的，铁西再次铸造了新的历史。

北方的阳光温润着历经风霜的斑驳机器，辉映着过去时代的大国重器，历史和工业文化元素重塑着沈阳的城市肌理，这一切，都绽放着沈阳工业文化的魅力。

行走在中国工业博物馆，不但能回望共和国的工业史，更让人懂得珍惜和敬畏，懂得人生应挺起铁硬的脊梁。

中国工业博物馆，是铁西以雄强的前瞻性给历史交了一份答卷。

中国工业博物馆，是沈阳以使命感的名义向人类史敬了一个大礼。

一个鲜亮的下午

——铁西工人村

　　3年前的一个下午，我们走在沈阳铁西区一条叫赞工街的小街上。铁西的街路有着工业区的鲜明特色，重工街、卫工街，许多街都有一个"工"字。如果其他的"工字街"都以功能命名，那么赞工街的一个"赞"字则显得更动感情。

　　我们在寻找铁西工人村生活馆，手机上的导航显示我们到达了目的地，这里最醒目的却是"工人村居家养老服务中心"的牌子。正当要找路人探问的时候，发现已经站在了工人村生活馆的门口。

　　生活馆的正门在一栋红砖建筑的中间，这是一栋三层的起脊的苏式风格建筑。我们敲响了生活馆的玻璃窗，一名保安为我们打开了大门。那天很幸运，我们见到了李智馆长。

　　因为有区委宣传部的介绍，李智馆长很热情地带我们走进了馆区。我忘记了是疫情的原因，还是其他什么原因，总之那天是闭馆日，我们是这里仅有的参观者。

　　走在展览馆一楼，一条贯通南北的公共走廊将楼内的房间分成东西两部分，这里原是工人居住的宿舍，已改造成了分隔的展厅。展览馆的导馆厅占用了4个房间。

　　工人村建设用的木工工具、瓦工工具、水泥和沙子，20世纪80年代用挂历纸编成的门帘，计划经济时代的各种票券，复原的工人村邮局、照相馆、副食商场，当年的孩子们游戏时的弹弓、玻璃球、

人村生活馆

Exhibition Centre of Workers Village

铁西区工人村生活馆

工人村宿舍旧址

铁圈、嘎拉哈等，曾经有过的欢乐和热闹都凝聚在那些老照片上。老照片都是黑白的，点染的红唇和绿色也已在时间的流逝中泛黄和斑驳。

工人村生活馆空旷寂静，一户户人家的房门敞开着，我们像是闯入了一个个主人不在家的私人空间。

连接的走廊更像连接了时空，我们是时空和人生的穿行者，走在过去的回忆里，走在生活的流变中。

20世纪50年代的厨房是共用的，水泥的灶台、原木菜板、切开的葫芦做成的水瓢、高粱秸秆编成的水缸盖、烧水用的铝制尖嘴壶，简陋中透着实实在在的智慧。

我们走进黄禄昶的"家"。黄禄昶是第一批搬入工人村的住户之一，房间内摆放着工厂配给的三屉桌、双人木床、椅子，还有老式大收音机。缝纫机是"飞人"牌，黑色的人造革皮包写有"上海"两个字。多用吊铺，还有床边带合页的活动木板，这是为孩子们准备的。

房间逼仄，但温暖温馨，散发着浓郁的家庭气息。今天的孩子们无法想象，这样的房间，当年只有厂级领导、劳动模范、高级知识分子和高级技术工人才能住进来，住在这里不但是生活待遇，更是一种自豪和荣誉。

走出工人村的"荣誉之家"，来到20世纪50年代大合社和幼儿园，走过60年代居委会和抗大小学。"大合社""小合社"是工人村居民的主要副食供应地，居民凭票购物。展厅内有一块简陋的木制小黑板，上面用白色粉笔写着当时的蔬菜价格，10块豆腐2角钱。

工人村第一粮店成立于1953年，一直到20世纪80年代初期都是按计划供应。居民凭购粮本按规定的粗、细粮比例定量购粮。为方便职工买粮，粮站24小时营业，夜晚都会亮起一盏红灯，"文革"

期间夜卖店改称红灯站。

幼儿园展厅里摆放着红色亮漆的手风琴、老式的脚踏琴、刷着白色油漆的小木椅子等，每个格子都放着白色的搪瓷茶缸或搪瓷小碗。

20世纪60年代的居委会墙上贴着毛主席像，靠墙摆放着两个抽屉的办公木桌，桌上放着红色镂空铁皮热水瓶。抗大小学里有雷锋半身像、木制算盘，黑板上写着"第一课　毛主席万岁"。

从梦幻般的五六十年代走出来，走进20世纪70年代。刘风原家经常接待外宾，房间内有黑白电视机和单卡单喇叭的录音机。李树义家人口多，睡吊铺，也有单卡双喇叭录音机。

20世纪80年代的孟凡荣家里有了可以显示日期和星期几的挂钟，电视14英寸。

20世纪80年代的新婚家庭——白新家房间内有凭票购买的9英寸电视、新星牌的双卡录音机、沈努西的双开门冰箱。

20世纪90年代的展厅摆放的是下岗自谋职业的徐风香家庭陈设。徐风香1997年从沈阳市华兴印刷厂下岗，开办了小卖店和缝纫点。室内有她使用过的沈阳产的钻石牌缝纫机、彩色电视机和缝纫使用的一些工具。

工人村生活馆复原和展出了从20世纪五六十年代到90年代的13个家庭的布置，各种生活实物5000余件，全部展品都由原来的住户捐献。

铁西工人村生活馆的讲述在新世纪到来之前结束了，我印象最深的还有两只蓝色的玻璃花瓶，那花瓶一定散发过花朵的清香，点缀过生活的温馨和美好。

时光仍在前行，工人村生活馆被保存下来的器物随着时间的飞逝也会更加斑驳，但也将随着时光的加持更显魅力，这是有温度的

工人村生活馆内部场景

历史。

城市日新月异，新时代的年轻人义无反顾地在今天的互联网的时代奔走。在即时化交流和刷手机的当下，时间似乎快了许多。新的楼宇，新的街路，新的消费，新的游戏，连追求都是不断创新。

那天，我们和李智馆长谈了很久，我们在探讨如何用最新的元宇宙语言升级生活馆，如何让人们沉浸式旅游和更真实地穿越。

我们讨论得非常热烈。

走出生活馆，下午的阳光鲜亮地洒在赞工街上，街上人来人往，新的赞工街和生活馆分明是两个世界。生活馆凝固着历史、记载着怀念，而新的赞工街则呼唤着未来，正欣然奔向所有的新鲜。

我猛然站住，驻足在那一片鲜亮的阳光中，我的眼前出现的是李智馆长的身影，他站在一张老照片前，执拗地向我讲述着——工人村是闻名沈阳的工人住宅区，是新中国最早的工人住宅楼群。1951年以前是一片菜地，只有三条马车道往来运菜。沈阳市人民委员会投资1200万元，开始工人村住宅建设，市政府将其命名为"工人村"。

1952年12月至1957年，在荒野上先后建起143幢3层红砖红瓦楼房，形成占地73万平方米、建筑面积40万平方米的5个建筑群——

历史的光影中

——沈阳造币博物馆

西风东渐，国门洞开，晚清洋务运动的当务之急是建立朝廷自己的兵工企业，心急如焚的曾国藩和李鸿章将创办的兵工厂直接命名为洋炮局。1861年后接连三年，安庆内军械所、上海洋炮局、苏州洋炮局应运而生。然而，洋务运动的主将们毕竟有着儒家血脉，到了1865年，在金陵成立的枪炮工厂已经有了机器局的新名字。

将洋炮局更名机器局，扬弃了"洋"和"炮"两大元素，名字的变化既表现了晚清重臣们对民族工业的追求，也展现了一个民族的雍容和气度。

吉林机器局成立于1881年，这是中国东北近代工业的开端。15年后的1896年，奉天机器局诞生。奉天机器局在辽宁这片大地上开启自己的工业序章。

辽宁的工业史一定要记住依克唐阿这个名字，这位出身满族的晚清将军在中日甲午战争中屡立战功，也亲身承受过战争失败的屈辱。因此，他更知道兵工生产对于战争的意义，由此可以想象，依克唐阿建立奉天机器局的心情该有多么迫切。

历史是神奇的，奉天机器局更神奇，它承担的制造枪炮的使命还要再过27年，到了1921年，才由奉系军阀张作霖实现。奉天机器局购置的机器和锅炉承接的第一项任务是为大清铸造银圆。奉天机器局成立两年后，这家工厂铸造的银圆开始在市面上流通。

沈阳造币厂前身——奉天机器局门楼

从造枪炮到造银圆，枪炮和银钱神奇地结合在一起。又过了4年，奉天机器局与造币厂分开，设立奉天制造银圆总局，制造正规龙洋。1903年制造的铜圆是奉天机铸铜圆之始，新铸机制铜圆代替了自春秋战国时期起流通了2000多年的带方孔的制钱。1919年，奉天造币分厂并入奉系的军械厂，继续铸造银圆和铜圆。枪炮和金钱再次一起生产，改朝换代让奉天的第一家近代工业走了一个圆圈，又回到了起点。

奉天机器局的神奇不仅在于它曾造过枪、铸过钱，这里还发过电。

1908年，日本将沙俄在旅顺使用过的120千瓦三相交流发电机移设在沈阳西塔大街，建立了第一个临时发电所。日本人在沈阳兴办电力，清朝东北行省公署担心日商独占电厂利益，为"振兴商务，挽回利权"，1908年10月，东三省总督徐世昌命令银圆总局创办电灯厂。

很快，奉天造币厂输出的电力点亮了沈阳。当年的点点灯光不但照亮了沈阳的街路，还点亮了一个民族的自尊，总算为即将覆亡的大清挽回了一点颜面。

此后的日子，沈阳造币厂再明亮的电灯也没有驱走一座城市的黯淡，沈阳在奉系军阀经营多年以后，被日本人占领，奉天银圆制造总局的牌子改成了满洲中央银行造币厂。

新中国成立后，当年的奉天机器局彻底被一分为二，曾经的东三省兵工厂被东北局军工部重新接收，使之成为当时最大的枪支生产中心。而造币厂也重新获得了新生，成为沈阳造币厂。

1955年1月27日，新中国的第一枚壹分硬币，在沈阳造币厂诞生。此后，贰分、伍分硬币，相继由沈阳造币厂生产，沈阳造币厂也成了中国"硬币专业户"。

沈阳造币厂外部场景

这期间沈阳造币厂和中国的军工生产还有过一次交集。沈阳造币厂在1953年建成了一条炼金银生产线，1969年起生产工业金银材。其中，采用合金内氧化法生产出的多元素氧化镉合金触头材料，比纯银触头寿命提高6倍，该产品获1977年全国科技大会成果奖。

1980年5月21日，国防科委转发中共中央、国务院、中央军委的贺电中称："国营六一五厂生产的金银材料，在我国发射洲际导弹获得成功中做出了宝贵的贡献。"从造枪炮到生产洲际导弹，导弹在空中的呼啸似乎就是历史回音壁的一次响应。

时至今日，始建于清光绪二十二年（1896）的沈阳造币厂已经有了近130年的历史，历经清、民国、日伪到国民党政府，再到今天的新中国五个历史时期，这里铸造过大清的龙洋，也铸造了新中国的第一枚硬币。这家百年名企见证了一个国家近代工业和印钞造币行业的发展进程，有着深厚的历史价值、独特的科技价值、突出的社会价值和富有时代感的艺术价值。

2021年12月16日，国家工业和信息化部公布第五批国家工业遗产名单，沈阳造币厂位列其中。是这一年唯一入选的东北地区工业遗产。

入选国家工业遗产名单的核心物项包括：办公主楼，牌楼耳房，奉天机器局牌楼柱础、门当及过梁，大洋机，日式压印机，日式冲饼机，美式冲饼机，法国产雕刻机，日式验饼机，日式剪裁机、日式天平，大清银币、铜币等重要钱币原模、印模，伪满时期硬币石膏型、电铸铜型，奉天机器局造壹圆银币，第一套人民币纸钞票样和钞版，东北银行纸币、钞版及票样。

工业遗产是工业文化的重要载体，承载着行业和城市的历史记忆和文化积淀，更承载着新时代的使命和责任。1982年，沈阳造币厂生产的狗年纪念银币获得1984年世界硬币大赛"最佳标准银币

沈阳造币博物馆门前

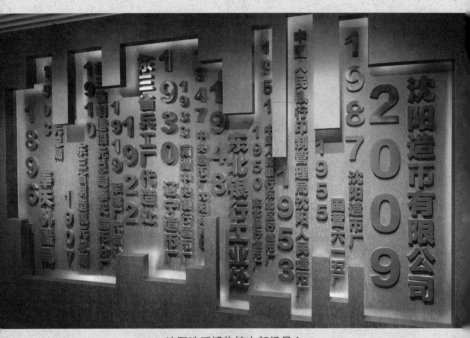

沈阳造币博物馆内部场景之一

沈阳造币博物馆内部场景之二

1982年壬戌（狗）纪念银币获1984年世界硬币大赛"最佳标准银币奖"

奖"。这是我国纪念币在国际上首次获奖。

徜徉在沈阳造币博物馆的光影中间，用目光注视不同年代的一台台机器、一幅幅照片，这里的历史用"厚重"两个字已不能涵盖，时光的刚硬在一个民族的生存史上刻下的不只有年轮，还有心头的刀痕和血光。

这里的文化也不可以用"工业文化"和"货币文化"两个表述轻松诉说，还有什么样的文化传输过这样的过往——历史的时空中闪耀着炸裂的子弹和银圆的光亮，刻录过强权对财富的攫取，书写过异族对资源的贪婪觊觎还有野蛮掠夺，希望、渴望、失望与绝望，文化的脉络像血一样鲜红，渗滴着不屈不挠的期盼和抗争。历史的长河像不断改进的生产线一样，制造和流淌着说不尽的故事。

沈阳造币博物馆正门

蓝天下的丰碑

——沈飞航空博览园

8月的阳光很烈，2023年立秋日，航空工业沈飞党委宣传部的王经理在沈飞航空博览园的正门等我。博览园位于沈阳市皇姑区陵北街1号，大门造型如凌空的机翼，充满动感和气势。王经理看上去沉稳温厚，人又十分热情，我知道将要开始的采访必是一次难忘之旅。

走进博览园，抢眼的是东侧林地草坪上停着的一架银白色歼5战机，56719，机身上的红色数字标示着飞机试飞成功的日期。这是我国自主生产的第一架跨音速喷气式歼击机，也是功勋战机，曾击落击伤入侵飞机40多架。1958年2月13日，新中国第一代领导人毛泽东到沈飞视察，观看的就是这种飞机。

沈飞航空博览园集科技、教育、旅游于一体，精选珍贵的历史图片及实物，以声光电多维立体的演示设备，让人们多方面体验航空科普项目，并系统介绍我国歼击机的发展历程。三个半足球场大小的展馆外展区是歼击机真机展示区，博览园的主馆是一座四层的大楼，圆顶，淡黄色楼身，玻璃均为天蓝色。主展馆4600多平方米，共分为序馆、"蓝天梦圆"、"航空报国"、"振翅高飞"、"创新超越"、"功炳天疆"、"展翅翱翔"7个展馆。

博览园是预约制，下午3点仍然游人如潮。博览园的院子里的飞机翅翼银亮，闪闪发光，晃着孩子们的脸。

沈飞航空博览园内部场景之一

沈飞厂史的开端，也是共和国飞机制造业和国防航空史的开始。博览馆墙上的黑白照片记录着惊心动魄并且激动人心的一个个瞬间。

为了建设中国的航空工业，百废待兴的共和国拿出了60亿斤小米。从抗战时期至新中国成立之初，为了应对物价波动，小米曾被作为财政收支的计量单位。当年60亿斤小米，约合人民币6亿元。曾经用小米加步枪打下江山的执政者，再次用小米为计量单位创建自己的航空工业。1951年6月29日，新中国成立不到两年，中国的第一家歼击机制造厂即在沈阳市成立，代号国营112厂。

有"中国歼击机摇篮"之称的沈飞，历史可追溯到1930年。那一年，张学良下令修筑沈阳北陵机场。次年4月，他与荷兰福克飞机公司议定合办东北航空工厂。随后爆发了九一八事变，机场被日军占领，掠夺飞机260余架，日军由此建立侵华的空军基地。日本投降后，这里又变成国民党北陵空军站；1948年11月沈阳解放，东北人民解放军航校奉命接管空军站，成立东北航校机务处第五厂。

诞生于废墟之上的五厂，曾为抗美援朝志愿军组装修理米格-15飞机，为作战飞机生产消耗量很大的副油箱，屡建战功，也为后来的112厂从修理转向制造奠定了基础。

1953年，中国开始执行第一个五年计划，112厂被列为苏联援建的156项重点工程之一。仅仅用了3年，112厂发展到万人规模，于1956年7月19日试制成功了中国第一架喷气式歼击机，即歼-5飞机。珍贵的老照片上面，一张张年轻的面孔，目光中充满着希冀和热望。正是从这里，一批批干部和技术人员赶赴贵州、陕西、四川，去各地建设歼击机、直升机、轰炸机、水上飞机和导弹制造厂。从这里走出去的干部和技术人员高达两万人。沈飞被誉为"中国歼击机摇篮"当之无愧。

仿制苏制米格-17飞机，沈飞推出中国首架喷气式歼击机——歼-5，1956年，中国跨入了喷气时代；1958年7月26日，沈飞推出第一架喷气歼击教练机，开创了我国自行设计飞机的先河。自行设计，多么振奋人心的壮举，中国从此有了自己的飞机设计师，几百名飞机设计师从这里成长，沈飞成为"中国飞机设计师的摇篮"。

1969年7月5日，沈飞设计研制的双发高空高速截击战斗机歼-8呼啸着腾空而起。自主设计和制造歼击机，沈飞再次创造奇迹，这是一座巍峨而且富有激情的里程碑。

2009年，沈飞自主研制的单座双发舰载战斗机歼-15首飞成功，这是中国海军第一款航母舰载战斗机。2012年，歼-15首次降落在辽宁舰上。中国将第一艘航空母舰命名为辽宁舰，而共和国的第一架舰载战机的出生地就是辽宁省的沈阳，沈飞为脚下的黑土地争得了无限荣光。

2018年1月12日，中航沈飞股份有限公司成功重组上市。作为一家老军工企业，核心军工资产整体上市，就像当年生产出第一架战机一样，中航沈飞腾飞商海之上，成为中国战机第一股。

几代沈飞人薪火相传，不懈努力，先后研制生产40多个机型的飞机8000余架。

时光进入2023年，沈飞历经72年的建设和发展，从无到有，从修理到仿制，再到自主研发和生产，今天的沈飞已成长为一家大型现代化飞机制造企业。沈飞以航空产品制造为核心主业，集科研、生产、试验、试飞、服务保障为一体，领导中国航空，成为世界上难以遏制的力量。

在二楼的展厅里，我在《中国航空工业集团公司司歌》前面驻足，上面的歌词澎湃激昂："有一个梦想，在信念中历尽沧桑；有一声呼唤，在蓝天里荡气回肠。航空报国，航空强国，一代代志士上

沈飞集团公司大门

下求索，为中华铸就铁壁铜墙……"

我身后的王经理动情地向我讲述他的心得："每一次听到和唱这首歌，沈飞人都心情激动，心生感慨。"

是啊，功勋墙上的一张张沈飞人的照片，每一张面孔都那样的鲜亮激越，从开国之初的航空救国、航空报国，到航空强国，一代代沈飞人接力般自强着、奋斗着。

工人金连佐一家四代28人在沈飞工作，工龄累计达701年。

唐臣升是沈飞工艺研究所机械与智能组的高级工程师，1988年大学毕业进厂，迄今已获得55项发明专利。

沈飞标准件中心的杨国心，21岁就成为全厂最年轻的高级技师。

追求极致，舍身忘我。在歼-5展区，摆放着劳模陈阿玉、林兆成等工人使用过的钳子、钻子和磨具，歼-5、歼-6、歼-7、歼-8，就是由这些简朴的工具"打磨"而成。"80后"的工人方文墨，手工打磨零件，加工公差做到0.03毫米，相当于一根头发丝的1/25，"文墨精度"难以想象。

徐舜寿，号称中国飞机设计一代宗师。歼-8II总设计师、两院院士顾诵芬，为了解决飞机超音速飞行振动问题，坐歼教-6飞机三次升空，跟踪观察，置自己生死而不顾。

罗阳事迹是沈飞博览馆的重要展区，罗阳精神是沈飞人的精神追求。2012年11月18日，时任沈飞公司董事长、总经理的罗阳随我国第一艘航空母舰辽宁舰出海执行歼-15飞机首次起降的训练任务，作为歼-15飞机的现场研制总指挥，罗阳深知，这次上舰是他和歼-15的一次"大考"，责任极其重大！他细致入微地与团队成员制订调试方案，近距离观察飞机起降，最近时不到20米，发动机轰鸣声震耳欲聋，他的整个胸腔承受着巨大压力。就在圆满完成歼-15在辽宁舰首次起降训练任务、开创中国航母事业新纪元的光荣时刻，

11月25日，罗阳突发疾病逝世。

罗阳永远倒下了。"大国重器，以命铸之"，这是罗阳的誓言，也是遗言。

沈飞，缩写着中国航空工业发展史和奋斗史，是中国从弱小走向强大的精神写照，沈飞航空博览园承载着所有沈飞人的家国情怀。

感受着中国航空工业第一代创业者的故事，还有那以后一代代创业者的故事，看着展示给人们的蓝天战鹰，那些战机闪闪发光，和秋天的阳光一起，辉映着天空，照耀着参观者的脸。

沈飞，不但是中国航空工业的出发地，更是航空报国的精神高地！这里不但书写着共和国的航空工业史，更书写着航空报国的精神史。

沈飞—中国歼击机的摇

沈飞航空博览园内部场景之二

三百六十年的尊严

——老龙口

2020年6月3日，沈阳天江老龙口酿造有限公司董事长李秀实和总经理王喜东站在北京街头。北京6月的天气已很炎热，但他们的心里更热。按照国家工信部工业文化发展中心的指导，因各省指标有限，他们要在老龙口酒厂和八王寺汽水厂之中作选择，第四批国家工业文化遗产只能在这两个项目中先遴选一个进入评选。

2003年，作为海外归侨，李秀实收购了传承百年的老字号八王寺汽水厂，成功地和美国可乐公司打了一场官司，夺回了被其雪藏了13年的"八王寺"商标权，让濒临破产的民族品牌"八王寺"重获新生。

2017年5月，李秀实再行惊人之举。沈阳八王寺饮料有限公司收购同为百年老字号的沈阳天江老龙口酿造有限公司，创造了全国"水"企业收购"酒"企业的先河。老龙口酒厂始建于清朝康熙元年，康熙元年是1662年。1625年4月，清朝的开国皇帝努尔哈赤才定都沈阳，1644年明朝覆亡。18年后，明朝的遗民山西人孟子敬在沈阳开设义龙泉烧锅，这是今天老龙口酒厂的前身。

沈阳城的城市史和工业史都应该给民营企业家李秀实写下浓重的一笔，一个企业为一座城市保留了两个历史品牌，不仅仅是不容易，而且堪称奇迹，非常人所能做到。

李秀实怀碧双珠，"八王寺"和"老龙口"凝聚着他和他的经营团队的心血，现在申请"国家工业遗产"只能先选一个，就像两个孩子只能保送一个上大学，那一刻李秀实的心情可想而知。

后来，老龙口总经理王喜东博士复述当时的场景，他说，董事长没有太多的犹豫，就选择了"老龙口"。

在我看来，李秀实带上老龙口总经理进京"赶考"的时候，或许他的心中就已经有了选择。

2020年6月6日，留下申报的材料，李秀实和王喜东匆匆北归。那一天，距老龙口的诞生日已是358年。

《沈阳文史资料》有一篇文章《"老龙口"烧锅和"万隆泉"的由来》，写到明末清初，山西太谷县人孟子敬因"山西大旱"，1662年到关外盛京投奔亲友。我查了下气候资料，1662年黄河流域60天的大雨，多地"平地泉涌，灶底生蛙，漂没人家无算"，"山西汾沁流域皆有大雨"。太谷地处黄河流域，由此推断，孟子敬遭受的应是水患。

史载，1671年清朝仍未全面平定山西。水患兵灾，山西的汉人孟子敬流落关外应是多么的无奈，但对于关外的盛京却是一件幸事，孟子敬的到来，意味着中国白酒之乡山西先进的酿酒技术得以在关外生根发芽。孟子敬在盛京之东边门，正对龙城之口修建烧锅，这是"老龙口"的由来。烧锅内凿深井一眼，谓之"龙潭水"。

老龙口的历史中记载，康熙十年（1671），18岁的康熙帝第一次回盛京祭祖选用的酒就是孟子敬酿造的"万隆泉"。此后，康熙、乾隆、嘉庆、道光四帝10次东巡盛京，延用旧例，御用贡酒也都选用"万隆泉"。清朝的皇帝怎样饮用"万隆泉"，如何微醺或者沉醉，酒香早已散入历史的烟云，但中华人民共和国成立10周年的国庆，征选10吨老龙口酒作为国宴用酒，却有着明确的记载。

如今，古井"万隆泉"仍然甘甜清澈，清亮的井水像一面通天

老龙口门楼

老龙口厂名简介

老龙口酒窖池石碑

老龙口酒厂

的镜子，已映照过360多年沈阳的天空。厂名在清朝及民国年间分别为"义龙泉烧锅""德隆泉烧锅""万隆泉烧锅"；自东北解放至今，厂名又随着时代的变迁分别改为"沈阳酿酒公司老龙口制酒厂""地方国营沈阳市烧酒厂""沈阳市老龙口酒厂""沈阳市太阳升酒厂""沈阳天江老龙口酿造有限公司"。厂区被国家认定为"国家工业旅游示范区"。

老龙口酒厂是中国白酒行业中唯一一家在"原厂、原址、原古井、原古窖群、原工艺"连续不间断酿酒生产360多年的白酒生产厂家，是有记录以来我国东北民族工业发祥地、活化石，是全国芝麻型白酒的发源地，更是全国白酒机械化酿酒的研发地（传统酿酒纯手工工艺保留至今）。老龙口酿造工艺是"国家非物质文化遗产"，老龙口产品是"国家和中欧地理标志产品"。

从1662年（康熙元年）算起，到2023年，老龙口酒业已有361年历史。老古井、老古窖、老工艺、老字号、老石磨、老酒海、老商标、老酒坛，在全国白酒行业是为数不多的"九老"。老龙口品牌被国家认定为"中华老字号"当之无愧。

2005年3月11日，农历二月初二，就在这个龙抬头的日子，老龙口酒厂厂区内的一个施工现场，挖掘出土了大量的古石磨。磨盘上凹凸部分的形状像"阴阳鱼"一样，"阳鱼"凸起，"阴鱼"下凹，扣在一起就是一个磨盘，最深处有圆形进料孔。磨盘直径78厘米，厚度35厘米，比一般的磨盘大且厚。

石磨上采用"阴阳鱼"的造型，即取"阴阳变化生万物"之意，而这恰与"义隆泉烧锅"中的"义隆"二字相契合。

这些石磨意味深长，360年的历史，时代粗粝，政权更迭，除了那口仰天照人的古井，一代代人在这粗粝的时光中摩擦碾轧，从石磨中流出的汁水不只有米浆，更有血水和汗水。有专家曾对老龙

老龙口酒窖池

口代代传承的酒海进行过研究，老酒海的用纸竟是几百前清代的废弃公文，那些公文又书写着什么呢？

老龙口从清朝康熙元年创业，历经清朝、辛亥革命、民国大革命、抗日战争、解放战争的岁月，以及社会主义建设、改革开放和中国特色社会主义建设新时期，跨越4个世纪。风风雨雨，跌宕起伏，这里发生的传奇故事，不仅是沈阳民族工业沉浮的缩影，更是历史留下的一枚枚印章、一条条刻痕。

2002年5月，沈阳老龙口酒博物馆由企业自筹资金开始创建，同年10月落成开放。建筑面积1200平方米，馆内展区面积999平方米，是东北首家仿清代建筑风格的酒文化博物馆，集文物收藏、保护、陈列展览、科学研究于一体。馆名由已故辽宁省博物馆名誉馆长、人民鉴赏家杨仁恺先生题写。

馆内展区分为"中国酒文化展区""老龙口酒历史文化展区""老龙门系列酒和同行业老酒的酒宝斋""酿酒老作坊展区"和"历史遗迹古井、酿酒老窖池、生产展区"五个部分。馆藏文物多达300余件，上起清朝初期，下至21世纪初期，时间跨度长达360多年。

沈阳老龙口酒博物馆主题鲜明，内容丰富多彩，具有独特的酒文化魅力，展示着中华民族传统酒文化、中国传统酿酒的工艺流程以及老龙口300余年酿酒发展历史过程，是一座集欣赏性、宣传性和教育性于一体的知识殿堂，是传播中国酒文化的重要窗口。沈阳老龙口酒博物馆成为国家AAA级旅游景区，是沈阳城市文化旅游的一张名片。

走在老龙口的厂区，感受和呼吸着绵延了几百年的酒香，俯身照一下那口古井，看一眼酿酒用的窖池群，从清初建厂至今，一直连续使用，从未间断。时光进入21世纪，随着科技进步，今天人们

龙潭水

老龙口门楼

享用的老龙口采用精致高雅的瓷瓶贴花技术代替了商标。宝石蓝晶莹剔透，给人高远天空、寂静大海的联想，空明而沉寂，映照着历史，氤氲着时光。

沈阳是有福的，能够飘荡几百年前的酒香。东北是有福的，龙吐天浆的老龙口浸润着历史的画册。中国的白酒业是有福的，老龙口苍劲的身体活化着一个品牌的神话。

采访即将结束，我向老龙口酒业的掌门人李秀实提出了一个问题：新时代的老龙口如何定义自己的品牌和文化，弘扬传承老龙口360多年酿酒技艺，全力服务广大消费者于点点滴滴？

睿智的秀实董事长想了想，回答我说："只有平稳有序才能传承和延续，从业者应该从容、体面，有社会责任感，给品牌与文化以尊严。"

对未来美好和富足的向往，在时光中磨砺，在砥砺中前行，老龙口的遗产就是数百年的绵延不息的生命力，这种生命力就是一代代人用生命加持的从容、体面和尊严。

附遗产核心物项

一、古井："老龙口"古井

自古有"龙潭水"的美誉，自1662年建厂至今，一直使用。

二、建筑类

1. "老龙口"窖池及生产车间楼：1662年建成的54个老窖池；1950年底建成的生产车间楼。

2. 1970年建老龙口门楼。

3. 1950年建老酿酒车间，1970年底改造成机械化酿酒车间。

4. 1970年建佐料酒酿造车间，后改为包装车间。

5. 20世纪60年代革命青年单身宿舍。

6. 20世纪60年代工人政治业余学校。

7. 1960年建变电所。

8. 1960年建技术中心。

9. 1961年建工会楼。

10. 1980年建机械化酿酒车间。

三、生产及储酒设备20余种

1. 1662年建厂时的古石磨30个（国家三级文物）。

2. 酒海（国家三级文物）。

3. 20世纪30年代伪日制储酒铜罐。

4. 1956年扬渣机。

5. 20世纪50年代木质蒸馏器拍盖。

6. 20世纪50年代老压盖机。

7. 20世纪70年代机械化蒸馏器。

四、老工艺

《"老龙口"白酒传统酿造技艺》被列入国家级和辽宁省级非物质文化遗产名录。

五、其他

1. 20世纪30年代初"老龙口"高粱酒老商标及至今保留已使用的商标150件。

2. 历史档案以及文献、手稿、图书和影音资料等。

浇铸苦难和希望的巨舰

——旅顺大坞的百年风雨

1886年5月，清朝光绪帝的父亲醇亲王奕譞在北洋军舰的护航下前往旅顺口阅兵，英国和法国分别派出军舰参加观礼。朝阳的辉映下，刚刚组建6年的北洋舰队在白色的浪花中前进，总理海军衙门的醇亲王心情大好。

醇亲王在李鸿章陪同下视察了旅顺港口，他兴致勃勃地参观先进的鱼雷厂。在黄金山下，李鸿章指着遥遥对应的西官山说道："既有黄金，当有白玉。"从这时起，西官山改称为"白玉山"。

在旅顺口，醇亲王兴奋地赏赐在场的文武，包括护卫，用西法各照一相。直隶候补道袁保龄就在这次赏赐中留下自己的样貌，他是后来影响中国的袁世凯的叔叔，当时他担任旅顺工程局总办，负责建设旅顺船坞。

1875年，李鸿章开始筹办北洋海军，仅仅6年时间，北洋水师已成为包括铁甲舰、快船、运输船、鱼雷艇等共25艘舰船组成的舰队。当时，北洋水师在天津大沽口修建了一座干船坞，但大沽航道水浅，船坞属于小型木坞，大型铁甲舰无法入坞修理，只能去日本保养。

李鸿章在给朝廷的奏折中写道："西报所讥有鸟无笼，即是有船无坞之说，故修坞为至急至要之事。"

北洋水师迫切地需要修建一座能够匹配舰队的新船坞。

船坞是造船或修船的地方，军舰水下部位检修、底部渗漏等都要上坞维修，船体的附着物要定期清理，包括船底防污涂漆，也是舰体不可或缺的保养项目。

深谋远虑的李鸿章把目光投向旅顺口，他在给清廷的奏折中论及西方修建船坞的六大要素和选择旅顺的因由："渤海大势，京师以天津为门户，天津以旅顺、烟台为锁钥；西国水师泊船建坞之地，其要有六：水深不冻，往来无间，一也；山列屏障，以避飓风，二也；陆连腹地，便运糇粮，三也；土无厚淤，可浚坞澳，四也；口接大洋，以勤操作，五也；地出海中，控制要害，六也。北洋海滨欲觅如此地势，甚不易得……唯威海卫、旅顺口两处较宜，为保守畿疆计，尤宜先从旅顺下手。"

李鸿章亲往旅顺考察，将船坞选在黄金山下。李鸿章聘请了来自德国、法国等国一流的工程师，按照当时最先进的军港建设标准，开始在旅顺筑港建坞。

醇亲王旅顺阅兵时旅顺船坞正在建设当中，史料中没有留下他视察大坞的记述。但此次阅兵影响了朝廷的决策，促成了北洋海军的完整成军。

到了1888年，北洋水师已经是亚洲最先进的海军，拥有当时世界上最先进的战舰、巡洋舰和炮艇，主力舰艇从英德进口，装备最先进的火炮和枪械。其中定远、镇远铁甲舰堪称当时亚洲第一巨舰，各舰管带均留洋深造，很多人一口流利的外语。可是订购的"致远""靖远""经远"等巡洋舰开到中国时，船坞却尚未完工。

旅顺船坞的建造负责人最初并不是袁保龄，工程的总负责人是黄瑞兰，工程实际的技术负责人是德国人汉纳根。由于黄瑞兰无法处理与汉纳根及其他中国官员的关系，并且借机贪墨，1882年8月，李鸿章委派候补道袁保龄替换黄瑞兰为旅顺军港工程总办。

袁保龄21岁中举人，是一个有正义感和责任感的读书人，深受李鸿章的器重。后世的专家考证，袁保龄虽然对近代的工程学和相关技术一窍不通，但他十分勤勉，善于钻研。袁保龄到任后，旅顺基地的建造为之一变，航道疏浚、防波堤建造、泊位勘探和加固，附属设施如海防炮台和水师营基地等建设工程，全部有序推进。

旅顺大坞建设初期，袁保龄便发现汉纳根是一个陆军军官，不熟悉海防，主持项目的德国工程师同样没有大规模工程的经验。"旅役荐德人善威为工员，两年无尺寸效，犹以华官掣肘为辞，荧惑长官之听。"

很快，不懂技术的袁保龄和洋专家有了一场工程用料之争。砌筑船坞的材料决定旅顺船坞的建造质量和寿命，船坞的坞壁和坞底覆盖的用料将会长期被海水浸泡，被阳光暴晒，因此，所用材料必须同时兼顾隔水性和坚固性。洋专家善威最初提出，德国基尔港船坞镶面，全部采用德国红砖，旅顺大坞也应选用红砖。

袁保龄从未到过德国，但他明白砖块不够坚固，且极易吸水，他提出用石材砌筑大坞。他一边向去过德国基尔港的刘步蟾请教，一边将红砖和石材放进水池做实验，比较优劣。

定远舰管带刘步蟾告诉袁保龄，基尔港船坞不用石料镶面，是因为周边没有采石场，但基尔港的坞口和坞底，仍使用了大块花岗岩石。对照试验也坚定了袁保龄的信心，试验证明：德国红砖吸水后竟增重达7斤之多。由于旅顺周边的石料质量太差，袁保龄决定选择隔海相望的山东石岛花岗岩。山东独特的"石岛红"，平整而坚实，保证了旅顺船坞历经140年风雨依然在产在用，为大坞增添了一抹独特的光彩。

为了加快工程进度，袁保龄向李鸿章建议，进行全球招标。1886年10月，中方选择与报价最低且愿意保修10年的法国商人德威尼签订合同。旅顺大坞由此成为中国第一项用招标形式决定工程负责方的近代军事工程。

船坞建设合同约定，修船石坞1座，坞外停泊军舰的石澳，四周条石砌岸，修船辅助工厂9座、大库5座、铁路轨线2700米、起重机架5座，从龙引泉至大坞引自来水工程。合同项目均在1890年9月全部竣工。

在合同中，中方详细规定了船坞的尺寸、附属建筑的种类、面积甚至建筑材料的情况。法方工程总报价最初为125万两白银，计划工期30个月，后因增筑船坞两侧拦潮坝及铁码头，再追加经费14.35万两，至1890年11月9日工程全部竣工。

事实证明，法国设计、中国建造的大石坞、各修理厂、储料库、办公建筑和人员宿舍等建筑，船澳泊岸、铁道、码头、电灯、自来水等设施，质量均属上乘，远超合同中规定的"保修10年"的要求。时至今日，在大坞对面，使用铁梁和铁瓦的老建筑状态良好，仍在使用。

及时换将易人，重用袁保龄，证明李鸿章务实知人，将工程全部外包给外国人，李鸿章又表现出了不凡的胆识。

1890年11月，旅顺船坞终于得以竣工验收，但修建旅顺大坞的第一功臣袁保龄没有等到这一天，1889年8月，因积劳成疾，袁保龄病故，年仅48岁。

旅顺大坞的建成结束了北洋海军有舰无港、"有鸟无笼"的时代。大坞建成后，第一艘进坞维修的军舰是北洋海军的平远舰，它是船政制造的我国第一艘全钢甲军舰，是19世纪末中国造船工业的巅峰之作。

建船坞的同时，1880年首筑黄金山炮台，1886年在旅顺西海岸修筑了威远炮台等保护船坞的岸炮群，1889年以后修筑椅子山、案子山等3座陆路炮台，在椅子山东南修筑了松树山、二龙山等9座陆路炮台，配备大炮100门左右。

船坞和岸、陆炮台的建成，象征着旅顺口已成为一个完备的海军基地和战略要塞。

旅顺船坞修筑之后，旅顺口成了中国东北第一个使用电的城市，第一条国际电报线从旅顺口架设到朝鲜。老照片上，一排梳辫子的电报员坐成一排，让人不敢相信这一幕发生在100多年以前。

旅顺大坞作为北洋海军的驻泊基地和舰船维修之所，大坞长137.6米，宽36米，深12.7米，规模宏大，地势得天独厚，堪称19世纪工业建筑的奇迹。旅顺口跻身为当时世界五大军港之一。

旅顺港与旅顺大坞的建设分为基础工程和船坞工程两个阶段，自1881年至1890年历时10年，终于完成。此后，北洋海军最大的两艘军舰镇远、定远舰，以及其他大小船只，陆续进入大坞进行刮锈、油漆、部件更换等维修工作。

大坞建成，清政府即成立旅顺船坞局，负责北洋水师舰船的机械维修和舰船配件制造。大坞周边还建有锅炉厂、机器厂、木作厂、铜匠厂、铸铁厂、打铁厂、电灯厂等配套设施。

旅顺大坞的建设，让旅顺成为中国当时现代化程度最高的城市之一，更重要的是，这里诞生了近代史上的第一批产业工人。

旅顺拟建海军基地，修建炮台和船坞，一时间，山东、河北、天津及辽南的民工大量会聚而来，仅船坞工地就用了6000多民工。天津与旅顺一海之隔，听说旅顺口招工，参加过大沽船厂建设的工人们纷纷前来。靠近旅顺港坞东边的郭家甸形成一大片棚户区，当时被称为"小天津"。

旅顺港坞工程完工，相当多的民工选择在旅顺安家落户，在船厂谋得一份工作，或从事与船厂相关的工作。旅顺船坞史料记载，

1894年甲午战争爆发前，旅顺船坞工厂内已经形成了相对完备的技术分工，包括发电、配电、供电、检修、车工等。除此之外，还有船底刮锈、油漆工等季节工。船坞里维持常态化生产的工人已近2000人。电信、自来水、银行、商店等近代服务业门类渐臻完善，以船坞为中心形成了5条繁华的大街，人口达到25000人。

在船坞巨舰的汽笛声中，一座新兴的近代港口城市初具规模，但刚刚安身立命的旅顺人怎么也不会想到，一场灭顶之灾即将来临。

旅顺大坞建成4年后，中日甲午战争爆发，北洋海军全军覆没，旅顺口在隆隆的炮声中全面沦陷。

1894年10月24日，日军突破鸭绿江防线，登陆花园口，挥军旅顺。一个月后，日军攻占旅顺，制造了惨绝人寰的旅顺大屠杀。

日军大屠杀之时，英国海员詹姆斯·艾伦正好在旅顺城内，目睹了这场人间惨剧。

詹姆斯·艾伦在其所著《在龙旗下》写道，他朝造船厂的方向逃，四周皆是仓皇奔跑的难民。日军紧紧追赶逃难的人群，像恶魔一样刺杀和挥砍那些倒下的人，每条街都有满地的尸体，寸步难行。日军将无数的难民赶进空船坞后面的淡水湖，湖面漂满尸体，湖水一片血红。湖的东侧就是被称为"小天津"的工人居住区，经此一劫，船坞工人和他们的亲人被屠杀殆尽。

一个参与屠杀的日本军曹在给其父亲的信中写道："一边是造船所等气派非凡的建筑物，而另一边则是堆积在街头巷尾的尸山，真是痛快之极致也。"

日军在旅顺城区屠杀四天三夜，尸身遍地，血流成河。史载旅顺幸存者只有36人，是日军抓到的扛尸人员。日军对被害者尸体进行清理和草草掩埋，继而焚尸灭证，骨灰葬于白玉山东麓。为掩世人耳目，日军在墓前立一木牌，上写"清军将士阵亡之墓"。

1896年11月，清政府接收旅顺，给甲午中日战争遇难同胞墓命名"万忠墓"。

日军焚烧尸体时就近从船坞内取材，用作焚烧尸体支架的铁管，就是船坞工厂修船所用的材料；焚尸所用的船板、煤与焦炭均取材于船厂；垒砌墓室的条石应为建造船坞堤坝和坞墙时所用的山东石岛红花岗岩。当初袁保龄选择山东的红花石时，怎么也不会想到，和他一起建造大坞的工人们的鲜血会将石头染得更红。

中日甲午之战后，日本占领旅顺和辽东半岛，俄德法三国干涉日本还辽，日本不得不撤出辽东半岛。俄国强租旅大地区。1898年，俄国太平洋舰队进驻旅顺。

俄国人准备利用大坞维修舰艇，但旅顺大坞全长仅130多米，是为90多米长的定远级铁甲舰量身定制的。俄国海军的新型舰艇长度接近130米，没法进坞。于是俄国人在船坞尽头增挖一段，将船坞的有效长度从138米增加到163.2米，并形成了独特的子弹头外形。

1904年2月8日夜，日本联合舰队偷袭旅顺港，至此日俄战争爆发。旅顺口成了日俄两军的"绞肉机"，经过328天的激战，最终以沙俄战败而告终。从1905年至1945年，日本人侵占旅顺口长达40年之久。

日本殖民统治期间，日军对大坞的坞门进行过改造。如今在坞口两侧还能看到当时留下的记载，一侧写着"明治四十三年"，一侧写着"大正三年"字样。这是日本侵略者为了纪念1910年到1914年扩建坞口工程而专门放置的。

日本为了能够长期使用大坞，对坞口和坞壁进行了细致的整修，甚至专门制作了被称为闸船的起浮式活动坞门，一直使用并保存至今。

1945年日本投降，苏联接管旅顺大坞。直到1955年，中苏双方举行隆重的交接仪式，旅顺大坞终于回归祖国。

　　旅顺大坞被苏联接管后，苏联海军命令该厂更名为海军102工厂，隶属苏联海军太平洋舰队。1955年，回归后的工厂厂名为中国人民解放军海军401工厂。1989年确定第二厂名为大连辽南船厂，船坞和厂房曾多次增建和维修，依然为海军装备建设发挥重要作用。

　　2017年12月，旅顺大坞入选第一批国家工业遗产名单；2018年1月，入选中国工业遗产保护名录第一批。

最特别的矗立

——历史中的甘井子煤码头

1983年4月26日，当日天气预报东南风6到7级。这一天，袭击大连的却是西北风，下午风力加大，实际已达9级，阵风竟达12级。

大风袭击下，大连甘井子煤矿停止运行的一号桥式抓煤机开始移动，抓煤机球铰挠性南腿向东移动35米。

大连港甘井子煤码头一号桥式抓煤机1930年开始使用，1969年进行过修理和改造，抓斗抓取量9立方米，跨距90米，长127米，高29米，自重532吨。

抓煤机的南腿和北腿各有两组手制动装置，但值班操作人员躲在休息室，没有采取措施，最后，抓煤机倒塌被认定为操作事故。事故结果已经注定，矗立在大连码头的"倒煤架子"永远消失了。

甘井子煤码头旧址坐落在今天的大连市工兴路尽头——工兴路21号，又称甘井子第一埠头，始建于1926年，1930年竣工，主要工程包括防波堤、栈桥和贮煤场，曾以最大的煤炭专用码头和以机械化作业而雄视东亚。如今，80多年过去，只剩下一座规模宏大的高架栈桥挺立在海岸上。

日俄战争之后，日本人将中东铁路支线长春至大连段改称"南满铁路"，通过获取铁路附属地权力，疯狂地掠夺中国东北的资源，日本将大连作为他们掠夺物资的集散地、加工地和转运港。1926年

12月，日本进入昭和时代，1927年时任日本首相的田中义一在东京提出侵略中国的"新大陆政策"。臭名昭著的"田中奏折"让日本侵略的脚步迈得更大。

日本人最为看中的资源就是中国的煤炭。早在1909年，日本通过《东三省交涉条款》正式取得了抚顺煤矿的开采权。"把廉价的燃料供应日本内陆"是"满铁"的根本任务之一。为了将掠夺的煤炭更快地运回日本本土，他们迫切地需要在大连建设一个大型的、机械化的煤炭出口专用码头。

日本人把修建码头的目光投向了甘井子。老甘井子原名黄嘴子，附近有清朝时期修建的黄山炮台。甘井子是甜水井的意思，有水才能活人，打出一口甘甜的水井，就能活命一方的百姓。日本殖民统治时期，这一带又称海猫屯，海猫就是海鸥，叫来叫去就又成了海茂村。

昔日的老甘井子清澈的海里有鱼儿在游，海边能看到花盖蟹、章鱼，礁石上长满海蛎子，爬满香螺，海滩上可以挖出黑皮蚬子，大片的泥滩里藏着蝼蛄虾……当掠夺者的目光觊觎这片海域，这片土地便开启了一段难忘的历史。

1926年9月，甘井子煤码头工程正式动工。为了配合"满铁"的筑港进程，日本关东厅于1927年1月发布公告征收东起甘井子、西至周水子一带约188万平方米的土地，用于煤码头和南甘（南关岭—甘井子）铁路建设。1928年7月30日，"满铁"设置甘井子临时建设事务所，统筹管理煤码头和南甘铁路建设。

1930年10月，历经4年建设的甘井子煤码头正式竣工。码头包括防波堤、自动装卸的高架煤栈桥和堆存面积18万平方米的贮煤场。高架栈桥为沉箱钢梁高架式，桥长328.8米，上宽17.6米，下宽34米，栈桥两侧泊位水深9米，可同时靠泊7000~10000吨级船舶4

艘。设计年通过能力300万吨。贮煤场位于高架煤栈桥后方，以铁路和栈桥相连接。码头前安设翻车机1台、装煤机4台；煤场安设抓煤机、储煤机各2台；煤场和栈桥之间配备运煤车6台。

一个领先世界的煤码头建成了，这是当时东亚地区机械化程度最高的工业码头，通过装煤机、电力运煤机和翻车机等机械设备自动装载，大大提高了煤炭输出效率。当时，码头的作业分为两种：通过翻车机、运煤车、装船机，煤炭不落地直接装船；通过堆场、抓煤机、储煤机、运煤车、铁路线、装船机系列环节倒载装船。

高架桥式抓煤机被称作"倒煤架子"，成了码头的地标，一提起倒煤架子，老大连人都知道那是甘井子煤码头。

先进的甘井子煤码头只有装船设备，没有卸船设备，这是一个只负责"出口"的码头。不计其数的煤炭等物资源源不断地运出大连港，运至日本本土或战争前线。

统计显示，1933年后，从甘井子煤码头掠走的中国优质煤炭，占日本年进口煤炭总量的60%~70%。这些煤炭主要来自抚顺的西露天煤矿。

伪满洲国的《满洲语读本》第10册有一篇课文《甘井子》，文中写道：从抚顺运到甘井子储煤场、煤码头，一天能储运7000吨。写作者在课文结尾炫耀："大连码头是载客和装卸普通货物用的。甘井子却是专为石炭出洋用的码头了。这种码头不但为东洋所罕见，便在世界也推为巨擘。曾历时两载，需费一千二百万元才得完成的。"

甘井子煤码头成了外国人的观光景点。日本殖民当局又在"老甘井子"的蟹子湾和梭鱼湾一带建立了"满化""进和商会""满洲石油株式会社"等企业，并相继建设了几座专用码头，成为后来的甘井子第二码头、甘井子石油码头等。

1945年日本投降后，甘井子煤码头专业装卸煤炭的大型机械设备被拆卸运至苏联，余下的少量设备因煤炭出口的减少而废弃。甘井子煤码头改称煤炭矿物区。

新中国成立后，甘井子煤码头几经变迁，数度易名。1953年，煤码头改称甘井子装卸区，1961年改称甘井子作业区，装卸区和作业区前面去掉了煤炭两个字，说明煤码头的功能发生了改变。到了20世纪80年代，抚顺的西露天煤矿的矿坑的最低点比甘井子码头的泊位深了近50倍，东北煤炭资源已日渐枯竭。面对疲软的煤炭市场，转换功能成为甘井子煤码头的当务之急。

1983年6月29日，第一艘满载16000余吨的豆粕船从煤码头顺利启航，标志着甘井子煤码头成功实现了功能转换。在这艘船启航前两个月，自重500多吨的倒煤架子在大风中轰然倒塌，令人感慨唏嘘，难道机器也有感应？

1984年甘井子煤码头改称大连港甘井子港务公司。吞吐量一举突破114万吨，其中玉米61万吨，占比50%以上，为大量积压的东北粮食提供了一条便捷的出口通道。

1992年9月25日，甘井子煤码头第一艘水泥船"宇阳丸"载重近万吨离泊。这是甘井子码头与小野田水泥合作的成果，通过建设水泥输送长廊，新增水泥年通过能力100万吨。小野田水泥是中日合资的企业，甘井子见证了中国新的发展史。

2005年4月1日，大连港散粮码头公司组建，甘井子港务公司建制正式撤销，设甘井子作业区。

2010年后，根据大连港整体布局，煤炭业务主要转移至大窑湾，加之甘井子码头的水深不足以停泊大船，业务量日渐枯萎，煤码头终于完成了自己的使命。像一个命运多舛又耗尽气力的沧桑老人，甘井子煤码头陷入了落寞。

2019年4月，甘井子煤码头入选"中国工业遗产保护名录（第二批）"，历经风雨的老煤码头，作为一个城市和历史的特殊记忆，再次清晰地出现在人们的目光中。

无声有光的历史

——矗立老铁山的灯塔

第十二届全运会的火炬以龙凤、火纹、浪花为主图案，火炬传递的主题口号是"传递中国梦"，这一届全运会的圣火火种在辽宁省大连市旅顺口区老铁山采集。

7月的大连不仅多雾，而且降雨频繁，经多次会商，组委会决定在2013年7月26日上午举行圣火火种采集。

26日上午，晴空万里，水天一色。10时08分，辽宁省两位奥运冠军面向大海，在采火器上采集太阳圣火。阳光聚焦，十几秒钟后，火苗腾跃而出，圆碗状的采火器迎着海浪，在艳阳的照耀下熠熠生辉。如果在夜晚，那圣火一定会和老铁山的灯塔一样照亮波澜壮阔的大海。

圣火采集过后的两天，大连地区连降大雨。但那时，传递中的老铁山圣火已经点亮了辽宁大地。

老铁山，地处辽东半岛最南端，是黄海与渤海的分界点。千山余脉的老铁山，三面临海，是旅顺口最高峰，与山东半岛隔海相望，因山石黑、色泽似铁而得名。

从老铁山山头眺望，东部黄海水色深蓝，西部渤海水色微黄。老铁山近海有中国最凶险、最湍急的水道，千百年来，不知有多少船只在此沉没。

晚清已经是一个风雨飘摇的王朝，王公大臣们当然不会关心渔民的生死，老铁山灯塔的建立来自王朝海防的需求。为了拱卫京师，晚清重臣李鸿章将旅顺定为北洋水师基地，北洋海军提督丁汝昌向北洋大臣李鸿章禀请在旅顺老铁山添建灯塔，李鸿章很快批准了这个提议。

得到李鸿章的许可，丁汝昌立刻以"奉天旅顺口向为北洋军艘常川之所——唯查西口之老铁山，为赴该口轮船必经之路，一带奔溜甚急——似宜添设灯塔一座"向执掌海关总税务司进行提报。

太平天国占领南京后，清朝政府无力控制上海海关。大清的海关总税务司由英法美三国"协助"清朝政府征集关税。政府所属各海关的管理者均由洋人担任。丁汝昌报请的对象即英国人赫德。

相对于中国人，英国人对灯塔的作用更为熟悉。约在公元前280年，一艘埃及的皇家船只在亚历山大港触礁沉没，船上的埃及权贵和从欧洲娶来的新娘全部葬身海底。当时的埃及国王下令，在最大港口的入口处修建灯塔，为后来的人们指引方向。经过40年的努力，亚历山大灯塔在非洲北海岸拔地而起，成为当时世界上最高的建筑物，它还被誉为"世界八大奇迹"之一。

灯塔在中国古代航海史中并没有出现过。先秦以来，古人借助风、云、星象、太阳等辅助航行。"摇旗击鼓"作为音响航标一直沿用到宋代。1840年鸦片战争之后，西方列强为了方便进入上海，在中国海岛上修建灯塔，为来往的军舰和运送鸦片的船只导航。

1858年，中英《天津条约》附约《通商章程善后条约：海关税则》第十条明文规定：浮桩、号船、塔表、望楼等经费，在船钞项下拨用。从此，由海关征收的船钞就成为清政府沿海航标经费的来源。1864年，英国人赫德被任命为清海关第二任总税务司长，他"将各口所收船钞拨给十分之一，作为改善航标的基金"。因此，老铁山灯塔的兴建要由赫德决定拨款。

老铁山灯塔兴建启动，工程当然需由外国人来完成。法国巴比埃公司获得了订单负责设计，并在法国本土制造内部构件，组装修建则由英国人完成。

灯塔塔身和灯头于1893年3月从法国发运。玻璃透镜一块块带着自己的编号，从遥远的法国启程，一路波掀浪涌运达老铁山，再由英国工匠用粗大的铆钉组合在一起，其工程极为繁复。

整座灯塔为圆形平台式钢制结构，射程25海里，灯塔上有当时世界最大直径2.88米的"双牛眼透镜"。用8块天然水晶人工磨合而成，其中中间一面最大，其他各面像格栅一样是由一层一层的水晶片共计218块组合而成，堪称"镇塔之宝"。

因灯塔的聚光能力十分强大，为避免火灾，白天用暗红色的灯帷遮掩，只在漆黑的夜晚射出耀眼的光芒。塔身上设置了一排圆圆的通气孔。庞大的灯器旋转机构是靠一个重锤的重力驱动，为了减少摩擦力，整个机械系统悬浮在一个水银缸内。汞蒸气有毒，必须通过通气孔通风换气。老铁山灯塔从筹议到建成，英法两国工匠通力合作，历时两年之久终于建设完成。

老铁山灯塔是中国第一座水银浮槽旋转镜燃油航标灯塔，塔底基海拔86米，塔高14.8米，伫立在黄海和渤海两海分界处的山岬上，灯塔里燃油的灯火从此点亮了夜航的方向。

灯塔建成后，英国怡和船务公司的10艘船因一次大风沉没了两艘，该公司经理便建议清海关总税务司赫德在老铁山建立测候所。从1894年1月至1898年4月的气象观测资料现保存在中国气象局档案馆，这是迄今为止辽东半岛南端见于史料的关于气象台站及其气象资料的最早记录。老铁山灯塔测候所虽为清朝政府所建，但实际是把持在英国人的手中。

旅顺的大海上多雾，有了气象测候的老铁山安装了雾炮，在雾天放炮示警，以避免船只触礁。

不幸的是，老铁山的灯火导引的是日本人的铁舰，沉闷的雾炮回应的是战争的轰隆之声。

老铁山灯塔刚刚建起一年，1894年7月25日，日本舰队向中国北洋水师发起突然袭击。中国租用的英国高升号运兵船在朝鲜半岛海域突遭日本军舰炮击，1000多名中国士兵葬身海底，中日甲午战争爆发。7天之后，中日两国正式宣战。

那一年的9月17日，老铁山灯塔没有等到中国北洋舰队归航。黄海海域海面冒出缕缕黑烟，中日甲午海战中北洋舰队损失惨重。11月22日，日本军队从陆路攻陷北洋水师的旅顺基地，屠城四天三夜。清政府经营10余年、耗费白银数百万两打造的旅顺要塞就此陷落。

1895年4月7日，一纸《马关条约》将辽东半岛、台湾及澎湖列岛永久割让于日本，刚刚建起一年多的老铁山灯塔被日军占领，第一次易主。

日本占领旅顺后，受到德、法、俄等国极力反对。1895年5月，清政府向日本支付了3000万两白银后，日皇下诏归还辽东半岛，11月，老铁山灯塔交还清朝海关管理。

1898年3月，沙俄与清政府在北京签订《旅大租地条约》，将旅顺口、大连地区和附近海域强行租借25年。老铁山灯塔又一次换了主人。

不到5年，老铁山灯塔四易其主。

1904年2月8日午夜，日本海军偷袭了停泊在老铁山脚下的俄国军舰，日俄战争爆发，老铁山山头上的灯塔在隆隆的爆炸声中再次震颤。1905年1月2日，俄军向日军投降，旅顺又一次落入日本人手中。老铁山灯塔又一次换了主人，被日本人占领至1945年。

1945年，苏军进入旅大，日本投降。8月，中国国民政府和苏联政府签订《中苏友好同盟条约》，条约规定中苏两国共同使用旅顺海军基地，灯塔由苏军管理。1955年5月，苏联撤军，苏军将灯塔移交中国海军旅顺基地管理，灯塔终于回到中国人手中。

100多年来，老铁山灯塔七易其主，灯塔因为"敌我共用"未曾受到一枪一弹的袭击也算奇迹。而随着技术进步，灯塔能源的使用和转动装置的改造，包括无线电技术的应用等方面也在完善之中。

在苏军管理期间，灯塔安装两台10马力柴油发电机组，并设置300毫米乙炔气灯作为备用灯，闪白光，周期4秒，射程10海里。1957年，安装了由电动机拖动灯器旋转机构，每2分钟透镜旋转1周。

旅顺解放后，雾炮失落，改用电灯代替油灯、电机代替古老的机械传动锤，并建有无线电指向标。

老铁山灯塔于1983年2月24日正式移交给大连航标区（现大连航标处）管理。1984年，将长弧氙灯改为钨丝灯泡。1990年1月，更换3块破损的透镜镜片。1998年，灯塔塔体大修，再次更换1块透镜棱镜，并委托中国科学院成都光电技术研究所研制新型透镜；灯塔光源使用2000瓦白炽灯；原无线电指向标改建为RBN-DGPS台。2019年安装北斗遥测终端。该灯塔成为集灯塔、雷康、RBN-DGPS台站、AIS基站为一体的新型"四合一"灯塔。2000年7月，开始安装差分全球定位设备，老铁山无线电台站从2002年1月1日正式对外开通，提供高精度定位服务。

1997年，世界航标协会宣布旅顺老铁山灯塔为"世界航标遗产"，将其列为"百座世界著名灯塔"。

2002年5月，中国集邮总公司以"历史文物灯塔"为主题，公开发行了包括该灯塔在内的一套五枚特种邮票。2003年3月，老铁山灯塔被辽宁省定为省级文物保护单位。

2012年，中国航海学会审议批准老铁山灯塔航标园为我国首批"航海科学普及教育基地"之一。

2019年4月12日，老铁山灯塔入选"中国工业遗产保护名录（第二批）"。入选的理由是该灯塔是我国8座被列为世界历史文物灯塔（共100座）之一；中国第一个采用水银浮槽旋转镜机的灯塔，主机为1892年法国制造，英国人组装；亚洲照度最强、能见距离最远的引航灯塔；八面牛眼式透镜是用天然水晶人工磨合而成，堪称世界一绝。

如今，老铁山灯塔兼具着导航照明、地理坐标、文化遗产、军事防御、宣示主权等多种功能。

夜晚来临了，老铁山灯塔旋转着两条交错的光柱，划破海空。灯塔的灯光就像历史写就的明亮而修长的音符，奏响着无声的乐曲。有声的是海浪，淘洗着和响亮着成败，淘洗和述说着一代代风云中的人物和故事。

响彻百年的"叮当"声

——大连电车

金属的外壳，闪烁着旧时代的光亮。10米高的车厢内数盏西式吸顶灯，装潢好似旧时代的宴会厅，木制的车厢内饰，车厢两边木制的长椅硬硬的，铜灯和把手被抚摸得闪光锃亮。驾驶员手工操作，有轨电车发出清脆的撞击声，叮当悦耳。

大连人说，每一天，城市还在沉睡中的时候，是有轨电车穿过清晨的第一缕阳光，把人们从睡梦中唤醒。晚上，还是那律动有序的"叮当"声，如同摇篮曲一般，让大连进入梦乡

外地人说，有轨电车是大连的风景，是一张流动的城市名片。车厢上端挂着很多有轨电车的历史照片，整个车厢就是一个小博物馆，载着人们穿越历史，让人深感时空恍惚。许多游人为了追忆情怀，远道而来，踏上大连的有轨电车。

车水马龙，穿行在林立的高楼中间的有轨电车就像一尊行走的雕塑。倡导工业文化遗产保护的人们说，大连有轨电车的保留，是对城市文化的继承和延续，是对百姓情感的保护与珍惜。

大连有轨电车的历史始于1909年，大连是目前国内唯一既有传统有轨电车运营，又有现代有轨电车运营的城市，是中国内地唯一的电车历史未曾中断的城市。大连的"东关街—市场街—北京街"段线路是城市现存最古老的有轨电车线路，201路有轨电车仍在使用改造后的老电车底盘和车窗车门，这些都是入选工业遗产保护名

录的证物。

只有在和平的岁月里，历史的沧桑才能转换为闲适和美，而真正的历史却粗粝坚硬，沾染血泪、污垢和烟尘。

1903年，当时占领大连的俄国人设计出有轨电车的草图，由于沙俄在日俄战争中失败，取代俄国攫取了大连的日本人在1905年至1909年间，完成了大连有轨电车的建设。

1909年9月，大连的有轨电车即将通车之际，日本作家夏目漱石被"满铁"邀请至大连，他在作品《满韩漫游》中，记下了当时的情景。

1903年，在日本东京，有轨电车刚刚取代马车成为主要的交通工具。大连的有轨电车让作家夏目漱石十分震惊。他在书中写道："我忽然发现远处的山岗上有一座高耸的尖塔像利剑一样指向蔚蓝的天空。再往里看还有一座同样的白色高大建筑物，尖塔前面是一座漂亮的桥，房屋、尖塔和桥都是同样的颜色，在阳光的照耀下熠熠生辉。"

时任"满铁"总裁中村是公告诉夏目漱石，他看到的是"满铁"修建的靠电气驱动的娱乐设施。这种设施连日本也没有，令夏目漱石"十分惶恐"。接下来，将作家看成"乡巴佬"的总裁又向他吹嘘起有轨电车，"电车和电气公园一样，这个月底开业。公司雇用了中国人当售票员和司机。为了培训职工现在正进行局部的试运营，正在培训中国人如何讲：请不要忘记随身物品！丁零丁零！开车！"

夏目漱石看到电车轨道上没有像东京那样铺大理石，中村是公介绍说："这是新式的铺轨方法。铁轨和铁轨之间浇注混合金属固定起来，整个线路就像一根铁棒——"他不停地向作家炫耀，让夏目漱石佩服得"五体投地"。

但是"满铁"的总裁并没有将真相告诉作家夏目漱石，真相是，第一批行驶在大连街头的37辆电车没有一项日本技术，它们由3个国家的技术拼凑而成，木结构的车体由美国布列斯顿制造，底盘由英国蒙天吉布森制造，电气部分由德国制造。上车门没有门扇，只用一根铁链子挂在两边的门框上。电车没有司机座位，司机只能站着开车。电车有白牌车和红牌车的区别，白牌车干净、舒适，乘客多数是日本人；生活在社会底层的中国劳工不允许坐这样的"好车"，他们只能乘坐挂红牌的"破车"。

老大连人把日本人带来的这个新奇的庞然大物叫作"美国大木笼子"。

"南满洲铁道株式会社"大规模实施的大连"电气铁道"，第一条线路从电气游园（今裕景商城）至大栈桥（今码头），全长2.45公里。此后长达30年的时间里，大连共开通11条有轨电车线路，总长约32.7公里，车辆百余台，3个营业所，两个维修厂，形成了较完整的有轨电车线网。

1945年，大连街头的高音喇叭里传出日本人的哭声，他们投降了。随着日本人的离去，大连的有轨电车遭到瘫痪性的摧毁：运营线路只剩下3条，百余台车辆仅有10台还可勉强使用。

战败的日本人没有想到，由他们带来的有轨电车早已与大连人结下深厚的情缘，在之后的30年岁月里，大连电车迎来了发展史上的巅峰期。

1946年4月1日，从日本人手里接管的大连都市交通会社更名为大连市交通公司，有轨电车从此获得新生。

1948年6月，交通公司举办了第一批电车女驾驶员学习班，从此由女驾驶员驾驶电车的传统延续至今。

至1949年，大连市内6条有轨电车线路上共有车辆105台，日客运量10万多人次。

1949年前，大连交通公司电车工厂仅能修理有轨电车。它的前身是建造于1909年的南满洲铁道株式会社电车修理工场。这个占地约7000平方米的修理场只能负担有轨电车的维修和装配。新中国成立后的大连人创造出了奇迹，经过电车职工和工程技术人员的共同努力，终于研制出我国第一台自行生产的有轨电车。

1951年国庆，大连电车工厂制造出新中国第一台1001型新式有轨电车，向年轻的共和国献上一份划时代的厚礼。1001型有轨电车首次设计和安装了司机座椅和乘务员座椅，极大改善了司乘人员的劳动条件。20世纪五六十年代，当时产假只有56天，妇女抱孩子上班的情况很多，早晚上下班乘车拥挤，没有条件设置母婴专座。为缓解妇女乘车难题，电车工厂对新中国成立前遗留下来的两台无动力拖车进行修复。用两辆动力性能好的电车组成动拖组，后面的拖车专用于抱幼儿的妇女乘坐，当时被称为"母子车"。

新中国第一台自主研发制造的1001型有轨电车的设计者陈培凤被誉为大连"电车之父"，在56年工龄中，陈培凤共参加和主持各种车辆设计30多种，包括有轨电车、无轨电车和公共汽车。其中，他主持设计的中国第一台铰接式有轨电车——DL-621型有轨电车曾登上英国《现代电车》杂志。由于该车型载客量达到300人，等车的人都能装进去，被人们称为"一扫光"，吸引了欧洲许多国家的电车专家前来学习。

20世纪五六十年代大连最多时建有有轨电车线路11条，总长48.9公里，车辆144台，职工5000余人，日均客运量45.33万人次。有轨电车是当时市民最主要的交通工具。

到了70年代，一向稳重忠诚的有轨电车因为没跟上时代发展的要求，被人们挑起了毛病：速度太慢，占道太多，噪音太大。有轨电车在城市交通中的作用渐渐屈居劣势，大连相继拆除了部分线路。

到1977年，大连只保留了3条有轨电车线路。这3条线路首尾相连，从东到西贯穿了整个市中心，全长15公里。

历史证明，这是富有远见的决策，它不仅保留了城市的历史，也为新大连的未来预留了伏笔。

直至今日，大连的201路有轨电车仍然保留着16辆日本人生产于1935—1938年的电车，2007年大连市政府对这些电车做了改造，继续运营。

如今，大连电气作业所旧址、电车轨道、3000型电车都因入选"工业遗产保护名录"而得以永续和保留。入选的理由还有，旅大市交通公司电车工厂自行设计制造我国第一辆有轨电车1001型"成功"号；研发出我国第一台铰接式有轨电车；我国唯一的有轨电车制造工厂；最早在有轨电车使用女驾驶员的城市之一。

位于大连民主广场一隅的小红楼曾属于大连都市交通株式会社，现在仍旧是大连公交电车分公司的办公地址。红色小楼后面是"满铁电车修理工场"旧址，1909年与大连市第一条电气铁道同时建成。就是在这里，1951年大连人自行设计制造了我国的第一辆有轨电车。

百年遗存，今天仍然展现着独特的价值。1935年至1938年期间由日本铁道车辆制造企业制造生产的有轨电车仍在城市中穿行。在大连新的城市规划中，有轨电车沿线会升级为旅游改造项目，将实现201路电车旅游化。

穿越百年的"叮当叮当"的声音，历史和现实的和弦又将回响起，唤起一座城市新的记忆和幽思。

历史深处的回响

——大连建新公司发展的艰苦历程

2015年国庆，电影上映的黄金档期，开心麻花和腾讯视频等联合推出了一部喜剧电影《夏洛特烦恼》。这是一个寻找真爱的故事，女主角现身在旧时代苏式建筑风格的居民区，红色的砖墙，老照片般的黄色阳光，一派怀旧和充满回忆的景象。

喜剧演员的表演逗笑了观众，也让影片中旧时代的建筑群重新回到了人们的视野。电影的取景地是523工厂的家属区。如果你知道523工厂的来历，你将会发出深深的感慨。

523工厂原是一家军工厂——大连建新公司，中共历史上第一个也是最大的现代化军工联合企业，成立于1947年。这家工厂生产的弹药曾经在解放战争中各个战场炸响，淮海战役结束后，华东野战军代司令员粟裕就曾说过，淮海战役的胜利离不开华东民工的小推车和大连建新公司的炮弹。

新中国成立后，大连建新公司成为重要的核工业装备制造厂，参与建造了我国最早的核试验反应堆、我国自主设计研制的第一个大型托卡马克实验装置"中国环流器一号（HL-1）"、第一座核电站"秦山核电站"。

大连建新公司，从名字看，你根本想不到这家公司会是一个军工企业。

时光闪回到1946年，内战爆发，国民党向共产党领导下的解放区发起全面进攻。当年9月，东北民主联军副司令员萧劲光到大连调研过后，向党中央提出在大连进行兵工生产的建议。

1945年8月22日旅大解放，苏联在这个地方拥有驻兵权，当地的民政局归中国管理，大连成了一个特殊的地区，国民党军不敢对大连进行轰炸。在日据时期，大连是东北重要的工业基地之一，有2000余家工厂，覆盖钢铁、化工、机械等多个行业。大连拥有日本人留下来的工业基础，拥有成熟的技术工人，在大连建立兵工生产基地是一个极为适合的选择。

解放战争之初，国共在军事和经济上相差悬殊。国民党接收了100万日军的武器，还有美国援助。解放军主要是缴获日伪军的步兵武器和少量迫击炮、山炮，各解放区基本没有工业。毫不夸张地说，"大连设厂"是一场生死赛跑！

苏军不可能将工厂白送给中国人，华东局将在山东积攒多年的黄金全部用来购买设备，东北局也出了很多钱。华东局、华中分局、胶东兵工总厂和晋察冀中央局等都派出干部、技术人员来到大连。

1947年7月1日，苏军同意将"满洲"化学、大华炼钢、进和、金属制品、制罐及曹达等6家工厂移交中共。同时，共产党投资建设的引信厂、弹药厂也陆续建成。这批新旧工厂共同组建为一个规模庞大的联合企业，对外用民办企业的名义，称为"大连建新公司"。

新成立的建新公司，是由共产党直接领导的大型兵工生产基地。华东局和晋察冀中央局分别派出人员担任主要领导。根据需要，通过政治思想工作，公司调动了一批日本技术人员参与工作。

吴运铎是新中国军工事业的开拓者，也是建新公司的奠基者。1947年，吴运铎被派往大连建新公司宏昌工厂担任厂长，当时，兵工生产条件极其简陋，吴运铎等人克服重重困难建成了我军第一个军械修造车间，并首次制造出步枪和第一批平射炮、枪榴弹。

被称为"中国保尔"的军工专家吴运铎在他的《把一切献给党》一书中，写了他1947年春奔赴东北的过程："一个黄昏，我们乘着一只小火轮，离开了码头。在惊涛骇浪里，躲过敌舰的探照灯光，在第二天黎明，冲破敌人的封锁线，到了东北的一个海港。"

吴运铎的书创作于1953年，书里仍然没有写出他到达的地点，他在"海滨的山坡上"治疗试制弹药时炸瞎的左眼，用一只眼睛看着太阳从海水和天空连接的地方升起，看见山坡上的残雪和绿草中开出的不知名的小花。1947年春天，一切都将重新开始。

在书中，吴运铎欣喜地写道："荒凉的山沟里，筑起了水泥工厂，无数电动机拖动了全厂机器。我们不再摇动石头磨子和毛驴拖车轮子，而是电气化了；也不再用手工方式造生铁炮弹，而是使用现代化的机器来造大型的美式钢铁炮弹。我们自己也有近代化的电气炼钢厂和新型的火药制造厂了。"

"中国保尔"写下这段文字时的欣喜却让喜欢他的读者心酸，这位共产党的军工专家此前是在怎样的条件下制造武器！在炮火连天的南方战场，他们手工制造子弹，在敌人的炮火中挪动简陋的机床，一边奔跑一边生产。

从更艰苦的前线来到大连的吴运铎，没有过多地描写大连建新公司创业时的艰难，他的注意力放在技术攻关方面。

公司创建的过程极其艰难，没有做炮弹的钢材，人们找到日本投降时留在大连的一部分火车轴钢，用来做加工炮弹试验。当时，兵工生产条件极其简陋——把水井辘轳固定在一个支架上，井绳上吊一块100多公斤重的铁疙瘩，就成了锻打枪体、炮弹壳的"手摇汽锤"；磨粮食的石磨轴上，套一条粗布缝制的传送带，就成了"人推发动机"；将手电筒灯珠磨出一个口，往里面塞火药，一通电就成了"电发雷管"。就在这样的"铁匠铺"里，吴运铎等人建成了我军第一个军械修造车间，并首次制造出步枪和第一批平射炮、枪榴弹；制造出42厘米口径、射程可达4公里的火炮；研制了拉雷、电发踏雷、化学踏雷、定时地雷等多种地雷；在只有8个人的条件下，年产子弹60万发……

当时，工人实行半供给制，每日三餐是陈米面窝窝头和咸菜萝卜辣汤，工资每月每人30斤玉米粒。集体宿舍是长筒窝棚，墙透冷风，屋漏雨雪，一个屋住30多人。很长一段时间，没有生活用水，喝的水用驴车拉来。工人们每天干十几个小时，困了找块草包放机床旁坐下打个盹儿再干。有时被查夜的领导发现了，把大家撵出去锁上门，等领导走了，工人们又想办法从窗户爬进去接着干。

没有设备，没有大炮，怎样测试新生产的炮弹？当时靠的是土办法。吴运铎他们在龙头山下的海边，去乱石头堆扒个坑，把炮弹立在石头底下，像拉地雷一样，拉索撞击炮弹引信，引发炮弹爆炸。

实验很危险，吴运铎、吴屏周两个厂长从来不让工人上前。甘井子龙头山，毗邻大海，位于大连建新公司弹药厂最深处。1947年9月23号，在试验8枚新研制的炮弹时，为查找哑炮问题，吴运铎和时任炮弹厂厂长的吴屏周前去查看，炮弹在两个人中间山崩地裂般爆炸了，吴屏周被轰到山岩下当场牺牲。吴运铎则被抛向空中，甩到了20米外的海滩，全身血肉模糊，左胳膊被炸断，右腿下部被弹片削去一截。

在医院病床上，吴运铎以惊人的毅力，用缠满绷带的左手，完成了几千字的技术报告。

大连建新公司1947年5月开始建厂，到1950年12月撤销，经历3年多的时间，实际生产时间为两年半。两年多的时间里，大连建新公司生产炮弹50万发、无烟火药5000吨、炮弹引信80万个、迫击炮1200多门，为解放战争胜利作出了重大贡献。

1949年1月10日，淮海战役胜利结束。华东野战军代司令员粟裕激动地说：淮海战役的胜利"离不开山东民工的小推车和大连生产的大炮弹"。小推车，大炮弹，从此走进了军史。而建新公司在经济核算制度和生产定额管理制度及经营分配制度上的创新，还为新中国成立后全国工业生产摸索出了一套科学有效的管理制度。

1950年，建新所属裕华铁工厂、宏昌铁工厂合并为八一工厂，1951年至1952年，八一厂生产650多万个空弹体，供东北的炮弹厂组装成全弹，全力支援抗美援朝。抗美援朝时期，战场炮弹要得急、数量大，每台设备工人两班倒，每班干12个小时。送上朝鲜战场的100多万发高射炮弹，没有一发哑火或炸膛。

1958年后，国营523厂长期从事核能专用设备的生产，为我国"两弹一星"的研制和核电站的开发建设作出了重要贡献。当年土法测试炮弹的人们，这次再次土法上马，为了生产20多米长几十吨重的大型核产品，没有大型生产设备，直径2.5米、高7米的塔式产品，大冬天就在露天搭架子吊装。一些特殊急需的设备因设计院出图晚、要得急，就全厂大会战。

作为我国发展核工业第一个核工业非标准专用设备制造厂，523厂填补了我国核仪器设备制造的空白，28年间完成1.9万个项目、85万多台件核工业设备的设计与制作，为中国的核工业发展作出了重大贡献。

20世纪90年代末，老523厂转制重组成立了大连宝原核设备有限公司，如今整体搬迁到了大连保税区。2004年，辽机集团出资改组，再更名为大连宝原核设备有限公司。成功转型为集科研、设计、制造各类压力容器设备、民用核承压设备、通用机械与加工于一体的综合类企业，成为国产核电装备的名企，为国内外核电站提供专用的核电设备。

2019 年，大连建新公司入选"中国工业遗产保护名录"，当年的俱乐部、炮弹车间、装配车间、锻造车间、生活区和烈士陵园都是重要的遗存。

当年的神秘之地，现在成了电影的外景地，来到这里，仿佛走进一个时光隧道，我们的耳边响着隆隆的爆炸声，猎猎的红旗在风中飒飒作响。

一念千年

——龙饮泉

公元713年，大唐王朝"敕持节宣劳靺鞨使"郎将崔忻，以摄鸿胪卿职前往敖东城，宣谕册封大祚荣官爵。崔忻由长安出发，在今山东蓬莱乘船渡海，过渤海海峡，到达辽东半岛马石山之都里镇。马石山即旅顺老铁山，都里镇即旅顺口。

大唐的鸿胪使溯鸭绿江而上，经今天的丹东，到集安，转陆路到达当时的渤海敖东城，顺利地完成了册封的任务。从此，东北大地正式隶属于唐王朝。

崔忻往返都经由旅顺。归途中他感慨万千，在旅顺黄金山下凿井两口，并刻石留念，寓饮水思源，宣示与渤海的永恒友谊。

1912年占领旅顺的日本人收藏日俄战争纪念品，将鸿胪井碑收入其间。此后，鸿胪石碑被列为日本的国家专有财产，摆放在皇宫之内。

当时有日本人内田良平品尝过鸿胪井水，他说："距海岸约50米的地方……井深约有4米，井水深约2.5米。井直径为1.2~1.3米。井壁是用砖砌起来的，看样子后来曾进行过修补……"内田良平用嘴舐水，写下了自己的口感——井水略咸。

大唐的鸿胪使一定饮用过旅顺的井水，但他凿井只为留念，不为饮用，可是生活在旅顺口的人想饮一口不咸之水的念想却一念千年。

人们都以为旅顺的驻军史是从北洋水师开始的，实际上，旅顺口作为兵家必争之地，早在明代就有认知。洪武年间明将马云和冯旺收复辽东，将狮子口改名旅顺口，该名字沿用至今。1602年，大明朝廷从辽阳调2700余名水军，从浙江、直隶调遣近万名步军，驻守旅顺口及其附近沿海岛屿。

清康熙年间，辽东沿海海盗出没，劫掳烧杀。1715年，清廷建成旅顺水师兵营，水师营由此而得名。当时，整个兵营建营房1200间，驻官兵500人，家属及随军人员共计1200人。

《水师营街道志》描述当时的盛况："上有天堂，下有苏杭，除了北京，就数营房（水师营）。"说是水师营自嗨也好，美誉也罢，总之水师营的驻军透露出几分自得。坐落在蟠龙山麓的清水师兵营龙河码头，是水师官兵泊船之所和巡哨起始点。

不管是大明还是清廷，决定在旅顺口建水师并驻军时，都不可能不注意军民的饮用水问题。康熙的将领们寻找水源地依据一个"常识"，《清实录》有言：贼船停泊，必须据海岛有淡水之处。清朝水师将码头和营舍建在蟠龙山下，显然是因为这里有一条龙河，还有一汪龙眼泉。

北洋海军选取旅顺建设军港之初，也面临着淡水供应问题。北洋大臣李鸿章考察旅顺时，认为这里非常适合泊船建坞，唯一的问题是淡水缺乏。建设旅顺船坞的工匠、官兵，还有外国的专家不下数万人，每天的饮用水和其他生活用水量十分巨大，解决用水问题的确是重中之重。

当时，负责找水的是一个叫汉纳根的德国人，他指挥军民连年开井数十口，不是水味带咸，就是泉脉不旺。

1879年初冬的一天，汉纳根沿着龙河朝旧时代的水师营方向走去，幸运的是，他发现了当年使用过的龙眼泉。

如果汉纳根知道康熙年间的找水方法，他会做何感想呢？而精明如李鸿章者，知道汉纳根找到的水源竟是之前的水脉，也一定会对外国人的"先进科技"减少一些迷信吧？

无论如何，旅顺口的军民有了饮用水的水源。这一次，西方国家的先进技术终于派上了用场，在汉纳根的带领下，旅顺口开始修建中国最早的城市自来水工程，即龙引泉自来水工程。

根据李鸿章当年的《洋人代建旅顺坞澳各工折》记载，以龙引泉为源头，铺设了包括直径165毫米铸铁管线在内的"自来水分管线8098米，增设大小取水机器18具"。

1890年12月，在《验收旅顺各要工折》里，李鸿章对引水工程曾有这样的描述：虑近海咸水之不便食也，远引山泉十余里，束以铁管，埋入地中，穿溪越陇，屈曲而达于澳坞之四旁，使水陆将士、机厂工匠便于朝夕取用，不致因饮水不洁易生疫病。

1891年10月，李鸿章奏《洋人代建旅顺坞澳各工折》，主要是申请报销建港经费。在所列清单里，与引水工程有关的记载如下：淡水库，储水库二座，自来水管分长管长二千四百二十九丈六尺，取水大小机器十八具，包定银三万一千六百两。……坝岸铁路双轨长一百二十七丈六尺，电灯八具，淡水管长七十六丈二尺，包定银八千五百两。

北洋大臣接连写了几个奏折，都说到了引水工程，可见在他心中水有多重要。

旅顺的自来水工程是一个完整的供水体系，龙引泉所在地海拔20多米，工程技术人员利用了20米落差，用管道将泉水送到港区内各处军用、民用设施里。

1888年（光绪十四年）修建的龙引泉至旅顺口净水池的铸铁管道6180米，砌筑隧道728米，建储水库、淡水库2座，凿井18眼，安装水泵18台，敷设配水管道1335米，共投资36537两白银，每日供水量1500立方米，用水人口2万余人。

引水工程即将完工，这时候，发生了八里庄百姓上访事件。八里庄的村民原是龙眼泉的"泉主"，村民们要求，在龙眼泉边立起一块具有法律意义的告示碑，说明引水工程的来历。

引水工程属于国家级重点项目，旅顺的官员决定顺应民意，马上勒碑纪事。于是有了后来的龙引泉碑，也让后世对当时修建引水工程得以窥知全貌。

龙引泉碑石质为汉白玉，正面阴刻3个魏书大字：龙引泉。碑的下方，用阿拉伯数字注明时间：1888。据说，"龙引泉"3个字由李鸿章题写。明明是龙眼泉，他写成了龙引泉。李鸿章题字时想到了什么？不能龙眼取水，可能是他一字之别的动因，也足见这位北洋重臣的文化底蕴和心思缜密。

碑阴是一篇长长的碑文：

旅顺口为北洋重镇　历年奉旨筹办炮台船坞　驻设海军陆师合营局兵匠等　设各机厂水雷营电池及来往兵船日需食用淡水甚多　附近一带连年开井数十口　非水味带咸即泉脉不旺　因勘得旅顺口北十里地名八里庄有泉数眼汇成方塘　土人呼为龙眼泉　其水甚旺　历旱不涸　但分其半足供口岸水陆营局食用要需　应于其上建屋数楹　雇本地土人看守　以免牲畜作践　池外暗埋铁管　穴山穿陇迤逦以达澳坞四周及临海码头　至黄金山下水雷营等处另分一管添作池塘　专供该处旗民食用灌溉　前月据该处旗民联名禀称　所分出水日久无凭　恐全为军中所用　该处所有居民无水食用　恳请立碑存记等语　本司道等业据

情详请钦差大臣督办北洋海军直隶爵阁督部堂李　立案并咨本副都统暨本厅　均照该旗民所请立之情　应会同勒碑晓谕　以便单民而垂久远　为此示仰该处旗民人等　一体遵照特示

　　清代的龙引泉碑和盛唐时代的鸿胪井碑相互映照，朝代的更迭和时光的流转让人心生感慨，但两朝都为水立碑，足见水对于旅顺的意义。

　　日本人也发现了龙引泉对于旅顺的价值。中日甲午战争中，日本侵略军的记者在随军日记中惊叹："（旅顺口）饮用水有自来水和井水，自来水是从离此地4公里多的八里庄用铁管引来的，到处有水龙头，分布在市街各处，其工程十分宏大，水质也清洌，适于饮用。"

　　1904年日俄战争中，日军派重兵猛攻八里庄龙眼泉北侧小高地上的一个俄军工事，日寇称之为"龙眼北方堡垒"。占领这个高地意味着切断了龙引泉供水工程这根生命线，将给旅顺城里的俄军供水造成极大的恐慌。当时，日军调集40门攻城炮、48门野炮炮击水管堡、庙堡和北线的其他工事。水管堡首当其冲受到最为猛烈的炮击，倾泻了近1000发炮弹。

　　备受关注的龙引泉一直流淌到1979年8月，由于周围地区植被遭到破坏，有人在附近胡乱打井，龙引泉水位逐渐下降；9月22日，停止了自然涌水；10月，龙引泉彻底干涸。如今的龙饮泉只剩下交错的锈迹斑斑的铁管部件，但砌引水隧道的石头仍然光滑平整，砌石与砌石之间严丝合缝，非常坚固。

　　龙引泉碑经历了数次推倒、重立的过程。龙引泉碑最新一次重竖是在1982年。文物工作者在一片水泥地面下方挖出了龙引泉碑。

出土时，碑身已经残破，还破裂出十几块碎石，在经过仔细修补后立在原地。

　　龙引泉为我国最早的自来水工程，2019年入选第二批"中国工业遗产保护名录"。

冰山的那些事

——大连冰山集团

　　那些秘密藏在斑驳的机器上的二维码里面，每一个二维码都是一个奇特的世界。

　　那些历史已浸入机器的斑驳里，在破损的管道里沉积，在厚重的铁锈和凉硬的钢身中沉默。

　　秘密需要破解和学习，历史需要唤醒和讲述。在1930·冰山工业文化展览馆，我随着孙鲁平先生的脚步走在大连冰山集团打造的时空隧道里。孙先生身材壮硕、脚步沉实，他对展馆的每一个角落都十分熟稔，介绍的声音中充满自豪和热爱。

　　1930·冰山工业文化展览馆是大连冰山慧谷发展有限公司在科学保护和充分利用国家工业遗产"大连冷冻机厂铸造工厂"的基础上，倾力打造的项目，是目前国内首家工业制冷制热知识主题展览馆。在这里，以DISA3030铸造生产线和制冷压缩机的部件加工、工艺流程、关键技术等知识为主线，为大家进行科普和研学的基地。

　　特殊制造的文字墙指引着工业遗产DISA线。DISA线于1992年从丹麦引进，目前世界仅存两套，一套在洛杉矶，一套在大连冰山慧谷。DISA是现存的唯一立式流水线，这条生产线和保存完整的厂房，是大连冷冻机厂2019年被评选为第三批国家工业遗产的重要物证。

　　扫一扫新时代的二维码，你会看到一个个科普知识的解读，里

1930·冰山工业文化展览馆

面有铸造科普区、压缩机科普区、转子的简介——二维码像连接的盲盒，等你去打开和进入。除了二维码后面的世界，展览馆里还有更多的创意和新奇，孙先生不时地按一下特殊装置的按钮，像掀开一个个盖头，两个可爱的小北极熊动雕从机器的深处钻出来。它们是展览馆的两个吉祥物，一个叫冰小仙，一个叫慧小宝，是专为孩子们设计的。以制冷和铸造为主题的铁硬场馆，因这两只超萌的小熊消解了距离和陌生，增加了亲切和喜感。

上溯大连冰山集团的历史，要前移到1930年，大连冰山集团的前身是老大连人熟知的冷冻机厂，也是辽宁省最早生产制冷设备的工厂。创建于1930年的大连冷冻机厂，最初名为"新民铁工厂"。当时正值日满统治时期，民族工业无法自主生产，新民铁工厂就靠修理外国冷冻机和部分辅机设备为生。

新中国成立后，新民铁工厂通过与国家合营的方式变为大连冷冻机厂。

1965年，我国第一台8AS17型制冷压缩机在大连冷冻机厂试制成功。大连冷冻机厂开创了新的历史，标志着中国冷冻机生产的技术水平进入世界前列。

1986年12月，大连冷冻机厂在全国制冷行业中率先获得国家机械行业质量管理最高荣誉——机械部质量管理奖，由此奠定了在全国制冷行业中的重要地位。到20世纪90年代初期，大连冷冻机厂已成为中国制冷行业第一名。

"冰山"牌商标由"齿轮加冰山"构成，设计完成于1963年。1997年4月，"冰山"商标被国家工商行政管理局认定为驰名商标，实现了辽宁省中国驰名商标零的突破，这也是全国工业制冷行业首个"中国驰名商标"。如今，"冰山"商标已在60多个国家进行注册。

2017年，出于对集团工艺流程升级和生产效能提高的考量，冰山集团整体进行了搬迁，决心将老园区打造成"冰山慧谷"，用修旧如旧的方式，让老厂区成为大连时尚的地标性场所。

2018年冰山慧谷产业园项目一期开工，致力于打造一个城市公园和未来社区，实现工业遗产的保护再利用。

"冰山慧谷"是我采访辽宁省工业遗产的最后一站，也是一次不寻常的体验。园区里，原来储存铸造沙的大罐摇身成了时尚咖啡馆，旧日的开水房现在是一家设计公司的办公室，原来工厂的每一处都有变化。园区打开了旧厂区的围墙，为的是让更多的人进来徜徉。一条匠人街，还有安放旧机器的小广场，没有一处不在诉说历史，没有一处不在讲述未来。时尚和刚硬结合，连除尘的烟囱都赋予了新故事。

"雪重力""路演中心"，新名词和时尚用语在园区随处可见。旧车间改造成了滑冰场，奔驰新车在这里举行发布会，法国人将留学招生的说明会也开到了这里。园区的文创产品也有着极强的工业风，一款巧克力直接就叫"工业风"，羽毛场馆的吧台竟是一台旧机床，连当年工人们坐的旧长椅摆在园区里都有了新感觉。

在采访中，孙先生着重强调展览馆浓缩了以冰山为代表的中国冷热事业发展的历史。是啊，一个成功的制冷企业的发展本身就书写着一篇又一篇火热的传奇故事。1993年12月8日，经中国证监会批准，大连冷冻机股份有限公司股票在深圳挂牌上市，大冷股份成为中国制冷工业和大连工业第一股。

2013年，冰山在我国率先建立完整的冷热产业链。2015年，冰山集团深化混合所有制改革。2016年，冰山与松下投资设立松下冷机系统（大连）有限公司，打造中国最强的冷冻冷藏服务商。

18万平方米的老厂区摇身变为时尚创业园，本身就体现着冰山人的智慧和想象，1930·冰山工业文化展览馆的开馆和冰山冷热研学活动的启动，也将为企业和城市带来新的活力和动能。

今天的冰山慧谷产业园区已成为国家优秀工业遗产保护利用示范案例和国家级工业旅游示范基地。

"冰山的那些事"又将增添新的故事和光彩。

不能忘却的记忆

——沙河口铁路工厂

    1909年9月，日本著名作家夏目漱石应他的好友中村是公的邀请到达中国的大连。中村是公是"满铁"的第二任总裁，当时，夏目漱石在日本文坛正负盛名，他此行的目的是为了加大日本在满韩殖民地的宣传。

    夏目漱石住进了"满铁"的大和旅馆。大连初秋的夜晚，无数的星星在深色的夜空中闪烁。夏目漱石不但看见了在日本看不见的星星，满洲的落日同样让他感动，作家在他的连载中写道，大连的太阳比日本耀眼。作为"满铁"总裁的客人，他坐着马车行走在大连正在建设的街道上，很多道路没有修完，他的鞋尖和膝盖细细地落了一层黄土。在他后来发表的《满韩漫游》中，他对"满铁"在铁路建设、工业产品开发、城市规划和职工福利的方方面面津津乐道，夏目漱石毫不吝啬地为"满铁"的新事业做着广告，他对经营者的气魄大加赞赏，在他的眼中，一个现代化的"满铁"王国正在建立。但在"满铁"总社，夏目漱石回答一个熟人的询问时，他还是诚实地说出了自己的观感，他认为大连此刻仍像"火灾后的一座废墟"。

    这句回答表现了一个作家的敏锐和本色。夏目漱石下榻的大和旅馆始建于1900年，1902年5月才正式使用。这里原是沙俄在中国建设的达里尼特别市的市政厅，这个建筑是大连的第一座有规模的建筑。

1898年3月，沙俄强迫清政府签订《旅大租地条约》，租借大连湾和旅顺口，沙俄要在这里建成一座规模宏大的远东商业城市，将其命名为财政部直辖的达里尼特别市。

1899年，俄国人萨哈洛夫来到大连，1902年8月受命为达里尼特别市第一任市长。可是萨哈洛夫没有完成自己的城市规划，日俄战争爆发，萨哈洛夫临走时烧毁了达里尼市政厅，留下一座残缺的建筑。日本占领大连后将其修复，1906年修复后作为关东州民政署，后为"满铁"占用，之后建成大和旅馆。

夏目漱石告别大和旅馆，坐着"满铁"的火车离开了大连，他对大连的记述也永远地留存在他的文集中。火车行驶在广袤的原野，满洲高粱的颜色辉映着作家的眼帘。火车像一条弯曲的蜈蚣在无边的高粱中穿行，为了这条铁路，沙俄和日本不惜以死相搏。

夏目漱石来到大连的时候，是日本人占领大连的第五个年头。他没有写到铁路最早的建设者——俄国人兴建的东清铁道机车制造所。

1904年5月28日，日军打败沙俄占领大连港，东清铁道机车制造所由日本野战铁道提理部接管，更名为大连铁道工场。1905年9月5日，日俄双方签订《朴次茅斯条约》，根据此条约，东清铁道机车制造所正式由日本占领。

1906年6月7日，日本政府以第142号敕令公布了《南满洲铁道株式会社章程》，宣布设立南满洲铁道会社（简称"满铁"），11月26日在东京召开成立大会。1907年3月5日，南满洲铁道会社总社迁往大连，于4月1日正式营业。

还是那个作家夏目漱石，他曾经亲口问过"满铁"的总裁，"南满铁道株式会社到底是一个什么样的机构"，中村是公的回答是"你

东清铁道机车制造所作业场

沙河口铁道工场及社宅全景

真够迂腐"。当时夏目漱石沉默不语，因为他已经知道自己问了一个多么幼稚的问题，因为"满铁"根本不是一般商业性质的铁路公司，而是日本帝国主义对中国东北在外交、经济、军事等方面进行殖民侵略活动的指挥中心。

"满铁"营业后，即从日本野战铁道提理部接管了大连铁道工场，专门组装和修理机车、客车、货车。由于日本尚缺乏供应大型机车车辆的能力，完全依靠从欧美国家进口。1907年6月18日，组装完成第一台蒸汽机车；9月30日，组装完成第一辆货车；12月29日，组装完成第一辆客车。

1908年7月8日，"满铁"决定在大连西沙河口重建工场，新厂区更名为满铁沙河口铁道工场。工场占地面积1778136平方米，建有1座办公处、49栋厂房，设有13个职场以及生产附属配套设施。新建成的工场是当时东北头号大工厂，也是亚洲为数不多的大工厂之一，工厂内部结构仿照德国克虏伯的埃森工场设计。

1912年，"满铁"在沙河口工场开始编制制造蒸汽机车的计划。1914年，沙河口工场仿照英国CS4型机车设计，制造了坚定型（CS）蒸汽机车，这是我国东北制造的最早的蒸汽机车。

1918年，沙河口工场仿照美国密克道1式机车，设计试制出改进后的米卡衣1型（MK1）货运蒸汽机车，后成为"满铁"主型机车。

1934年，沙河口工场制造"亚细亚"号特快旅客列车，列车编制为6辆，定员328人，共4列车。9月1日起在大连和长春间运行，行驶限制时速为120公里，平均时速82.5公里。1935年9月1日又将行驶区域延长至哈尔滨，是当时世界上最快的列车之一。

"亚细亚"号是一辆豪华客运列车，全车安装了空调装置，通过空调设备实现空气的净化、除湿和加湿。"亚细亚"号还有优质的室

1934年沙河口工场组装制造的"亚细亚"号特快旅客列车

内环境和舒适的桌椅。观光一等车厢在列车的尾部，装有大玻璃窗，视线极好，旅客可以写信、读书、玩牌，车上有磁铁棋盘，还准备了围棋。

"亚细亚"号设有豪华的餐车，内部空间宽敞明亮，并为用餐者提供菜单。"用餐有日式和西式套餐，还可以根据菜单点菜，全都是在车上现场烹饪。"餐车还"准备了丰富的酒类和饮料，引以为豪的'亚细亚鸡尾酒'有绿色和绯红色两种"。客车上的女服务员来自俄罗斯，金发碧眼，体态妖娆。

"亚细亚"号豪华列车由大连到长春，只需8个多小时。而"辽东半岛"号在2000年提速后，才达到这样的速度。

"满铁"在沙河口铁道工场建立了完整的管理系统和殖民统治政策。日本侵占工场40年间，新造组装蒸汽机车516台、客车773辆、货车5505辆，修理蒸汽机车6904台、客车14345辆、货车93893辆，同时还制造了铁道装甲车、装甲汽车、冷藏车、保温车、摩托车等军用车辆，成为日本帝国主义对我国进行军事侵略和经济掠夺所用铁路交通工具和"满铁"扩充铁路工业的重要源地。

1945年8月15日，日本宣布无条件投降，大连地区结束了日本帝国主义长达40年的殖民统治。

根据《中苏友好同盟条约》及《中苏关于大连之协定》，旅大地区由苏联实行军事管制。1945年9月，苏联红军进驻沙河口铁道工场，易名为中长铁路大连铁路工厂。

1946年5月5日，中长铁路大连铁路工厂青年技术学校第一期正式开学，开设了9个专业工种，学制为两年。这是我国解放区铁路工业系统最早建立的技术学校。

1948年，工厂生产迅速恢复，开始新造铁路货车。修理的20台蒸汽机车通过海上运往东北解放区。1949年全年修理蒸汽机车153

1956年9月18日，大连机车车辆制造工厂自行设计制造我国第一台"和平"型蒸汽机车

1958年9月26日，大连机车车辆制造工厂研制成功我国第一台"巨龙"型干线货运内燃机车

台，修理货车1410辆、客车57辆。全年新造货车973辆，是日本殖民统治时期最高年产量的3倍多。

日本统治者离开大连时曾扬言，大连铁路工厂这块土地上只能种高粱。但在大连解放后的4年多时间，工厂修复的机、客、货车源源不断地开赴各大战场和新解放区。伴随着新中国的诞生，一个大型铁路工业生产基地昂然崛起。

自1950年5月1日起，大连铁路工厂由中苏双方共同管理，隶属中国长春铁路管理局，易名为大连机车车辆修理工厂，担负修理机、客、货车和制造货车的生产任务。

1953年1月1日起，工厂由我国独立经营，成为新中国第一家被确定为制造货运蒸汽机车的企业，更名为大连机车车辆制造工厂。

1956年9月18日，第一台"和平"型蒸汽机车组装落成并一次试运成功，结束了中国人自己不能设计蒸汽机车的历史。

1958年9月26日，我国第一台"巨龙"型干线货运内燃机车伴随着一声长鸣，缓缓地驶离停车位。大连机车人在短短几个月的时间里创造了人间奇迹。

大连沙河口铁道工场旧址于1911年7月建成，新中国成立后70年间，这座百年老厂，从修理到制造，从蒸汽到内燃，从电力到动车，走过了我国机车装备制造的整个发展进程，创造过无数个全国第一。"毛泽东"号机车5次换型都诞生于此。时至今日，已有12700多台新造各型机车驶往全国、驶向世界。

2018年9月，央企工业文化遗产（机械制造业）名录发布，"大连沙河口铁道工场旧址"入选工业文化遗产。

2021年6月25日，西藏拉林铁路开通运营，中车大连公司研制的"复兴号"（FXN3-J型）高原双源动力集中动车组内燃动力车首登青藏高原，实现"复兴号"对内地31个省区市的全覆盖

铁铸与流水
——鞍钢与台町

题记：

鞍钢立厂，台町立家。

鞍钢承载着共和国的工业史和企业史，鞍山台町承载着鞍钢人的精神史和文化史。

鞍钢由火红的钢水浇铸，由时间冷却和雕塑。台町是鞍钢的建设者们的栖息地，延燃激情的加油站。

鞍钢是鞍钢人的创业史，台町是鞍钢人旅居史和鞍山的城市史。

鞍钢纪事沧桑岁月之一

1904年，清朝统治者最没落的一年，这年2月，日本和沙皇俄国在中国的东北进行了一场战争，而这片土地的统治者清朝政府无奈且可悲地宣布中立。

日俄战争改写了中国的历史，日本人打败了俄国人，取代沙俄获得中国辽东半岛的控制权。

1905年，一支日本军队在鞍山汤岗子地区行进，罗盘出现两次故障，从而在附近发现了大量的铁矿。

铁铸蒸腾

1906年，日本政府在中国大连设置了一个特殊机构——南满洲铁道株式会社（简称"满铁"）。"满铁"表面上是一个铁路经营公司，却公然涉足政治、军事、情报等领域，实质上是日本掠夺中国的跳板和先头部队。

日本人没有忘记4年前的鞍山罗盘奇遇，对那里的铁矿资源更是念念不忘。1909年9月，"满铁"地质调查所所长木户忠太郎非法闯入汤岗子附近的铁石山，又先后勘察了东鞍山、西鞍山、大孤山等铁矿山。

1916年7月22日，由"满铁"全额出资，假借中日合办名义成立振兴铁矿无限公司，先后攫取鞍山周边11个矿区的开采权，总面积达到24000多亩。

鞍山，因其南郊7华里杨柳河畔一山形如马鞍而得名。明洪武年间在山下设鞍山驿。1898年，俄国人修筑中东铁路南满支线，由马鞍山与鞍山驿间穿行而过，从此鞍山声名远播。

日本人来了，鞍山将开启新的历史。这一次，是因为日本人对鞍山地下铁矿资源的觊觎。

1916年10月4日，日本内阁总理大臣向"满铁"正式颁发经营制铁业许可。

1918年5月15日，日本人成立鞍山制铁所。

1917年4月3日，日本人举行"地镇祭"，容积531立方米的鞍钢老1号高炉动工兴建。

1919年4月29日，1号高炉点火，鞍山制铁所正式投产，至此，一个钢铁企业在鞍山诞生。

1943年的统计数字显示，这一年中国生铁产量180.1万吨，其中昭和制钢所占72.1%；国内钢产量为94.2万吨，其中昭和制钢所占89.4%。

夜色中的鞍钢

以上数字说明了两个现实：一是中国的炼铁、炼钢工业已被日本侵略者完全垄断；二是作为鞍钢前身的昭和制钢所必将对中国的钢铁工业带来深远的影响。

台町纪事之日伪篇

1917年日本人对鞍山制订了《满铁附属市街计划》，拟将鞍山从辽阳县划出，建立人口15万、产铁百万吨的城市。按此规划，日本人选中隶属辽阳县七区东西马圈子村的土地建工厂区。同时选中隶属辽阳县六区的石家峪八卦沟村建城市街区。

日本人将自己的住宅建在石家峪村，石家峪村位于东山（玉佛山）分水岭，东侧是山，西侧是平原。日本人给自己的居住地起了一个名字——台町。

台即台地，是高岗，是山坡。町指村庄和街道。台町，是山坡上的村庄。台町的第一批住宅34户于1920年竣工，共有17栋二层双户型连体别墅。上台町8栋，中台町8栋，下台町1栋。

日本人在别墅四周栽种了高大的枫树和松树。1924年，日本人又在东山上修建了山顶公园，建了一座"忠魂碑"和一座"马魂碑"，还有4座野战炮纪念台。

今天，就在这个"山顶公园"仍然有一个日本人修建的防空洞，入口隐藏在一处绿地内，拨开繁茂的树枝，可见一人多高的水泥洞口。洞口处铁门紧闭，锈迹斑斑。进入防空洞，是一个铁制的旋转楼梯，紧连着一个坑道，坑道有20多米深。沿着坑道向前走，可以一直走到二一九公园（日伪时期叫朝日山公园）的动物园。

1932年至1937年，日本人再建82栋住宅，一半二层小楼，一半平房。日本人还在台町修建了图书馆等几处公共设施，台町建筑群由107栋建筑构成，街道三横四纵整体呈扇形布局。

应该特殊提及的是，台町最早17栋别墅中，有4栋是为美国工程师建的欧式住宅，这几栋楼房与日式别墅有明显区别，举架高挑，房间宽敞，且有较大的地下室和厨房。但台町的第一批居民全部为鞍山制铁所、昭和制钢所董事及高级管理人员，清一色日本人。

八田郁太郎，日本八幡制铁所派驻"满铁"的工程师。伪鞍山制铁所从筹建到投产，均由这位八田郁太郎负责，他出任伪鞍山制铁所第一任所长，是伪鞍山制铁所的奠基人，台町也是他的杰作。

伍堂卓雄，伪昭和制钢所首任所长，家居上台町街14番地1，日伪台町主要人物之一。伍堂卓雄为日本海军预备役中将，1945年定为甲级战犯受到审判。

岸本绫夫，台町的另一位重要人物，日本陆军大将。1944年由日本关东军司令山田乙三任命为伪昭和制钢所最后一任理事长。1945年8月，他代表日方向苏军签字投降，并组织编写资产明细，配合苏军组织拆卸制钢所设备运往苏联西伯利亚。岸本绫夫随着所拆设备去了苏联，从此不知所踪。

台町的第一批居民有的被押上审判台，有的死无定所，在他们命运的最后时刻，他们会记起摇曳着丁香花和樱花的台町吗？

鞍钢纪事沧桑岁月之二

1944年夏天，美军出动近百架B-29轰炸机，对昭和制钢所进行了3次大规模轰炸。轰炸使日本人惊恐万分，警察局通告全市所有店铺、住户，都要将玻璃门窗贴上米字形纸条以防震碎，全市进

不畏艰险　20世纪80年代

行宵禁和灯火管制，家家户户必须把电灯用深色厚纸卷成喇叭筒，拴在电灯口上遮挡光线外露。

1945年8月15日，日本无条件投降。8月23日，苏联红军一个团身穿黄色军装，戴着船形帽，端着半自动步枪和冲锋枪，乘火车进入鞍山。

从9月至12月，对日作战的苏联红军接管了鞍山包括昭和制钢所在内的25个工厂和本溪湖煤铁公司。

苏军接管期间，将近三分之二的设备作为战利品拆卸回国，总计17.59万吨，价值2.1亿美元。

当时东亚最先进的宫原厂区的主要设备几乎全部拆走，拆卸后的鞍钢厂区一片废墟。

鞍钢的原有设备，完好的部分多被拆运到了苏联的马格尼托哥尔斯克、车里雅宾斯克等地钢铁工厂。一些拆迁时损坏的残次设备下落不明。

苏军撤离后，鞍山社会秩序混乱，人们拥入工厂，乘机拆卸苏军没抢走的运输皮带、滚珠、油脂、小型马达和电线。

偌大一个钢铁联合企业，工业生产能力下降为零，连铁丝和铁钉都无力生产。

台町纪事之苏占篇

1945年8月15日，日本投降，日本人撤出台町。苏联人占领鞍山8个月。

1945年9月26日，共产党军队进驻鞍山。台町成为冀热辽军区第十六军分区五十六团的干部及警卫部队的临时居住地。

鞍钢纪事沧桑岁月之三

1946年3月，根据中国国民政府与苏联政府签订的《中苏友好同盟条约》，苏军奉命撤出鞍山。

1946年4月15日，国民党资源委员会接收昭和制钢所；同年10月1日，鞍山钢铁有限公司正式宣布成立，由邵逸周任总经理，并且设置六大协理。

由于国民党的败局已定，庞大的复工计划化为泡影，鞍山钢铁有限公司仅存在16个月。

台町纪事之国民党篇

1946年，国民党占领鞍山期间，接收了台町住宅区的全部资产。

国民党资源委员会鞍山钢铁有限公司陆续安排到达鞍山的公司协理，机关各部、处、课职员和各工厂厂长在台町居住。

1946年4月，国民党将台町改名为鞍山市上崇德街、中崇德街、下崇德街，简称崇德街。

这里要提及6个台町的居住者——靳树梁、邵象华、李松堂、杨树棠、王之玺、毛鹤年，他们是国民党派到鞍山接收鞍钢的6位协理，也因此住进了台町。

国民党败退东北，1947年11月间，邵象华和李松堂等人乘一列货车拟冲入沈阳，车行至首山，因太子河畔炮声隆隆只好返回鞍山。

国民党又修筑临时飞机跑道，准备接部分人员离开，也未成功。几位协理商议后，决定留在鞍山。

1948年2月19日，鞍山解放，当天，国民党派到鞍山接收钢厂的6位协理均被共产党的军队保护起来（邵逸周已飞赴台湾），并被告知："毛主席有指示，你们都是人才，一定要好好保护。"

几天后，新成立的鞍山市人民政府市长刘云鹤特意将6人请到家中，大家高高兴兴地吃了一顿热气腾腾的饺子。

靳树梁、邵象华等6人再次成为台町的居民，不久后他们将迎来大批的新邻居。

鞍钢纪事之创业篇

1948年2月19日，东北野战军攻克国民党军队盘踞在鞍山的最后一个据点——鞍钢大白楼。同年12月26日，鞍山钢铁公司正式成立。

从1948年底，由鞍山市委和鞍钢共同开展了声势浩大的献交器材、恢复生产的群众性运动。当时在不到两个月的时间里，累计献交各种器材21万多件。

1949年初，毛泽东主席发出电令："鞍山工人阶级要迅速在鞍钢恢复生产。"

连年战乱，鞍钢遭受的破坏极为严重，被留用下来的日本专家濑尾喜代三说："修复谈何容易，你们需要美国的设备、日本的技术，再加上20年至25年的时光，可惜你们同美国尚未建交，我们日本又是战败国，你们是外援无路，内力空虚。看来，这片厂区只能种高粱了。"

1949年4月25日，鞍钢第一代炼钢工人炼出了新中国的第一炉钢水，中共中央派贺龙同志到会剪彩。同年6月，第一炉铁水奔腾而出。

台町西北方向的夜空由火红逐渐变成炽黄，星月因此黯淡，鞍钢的钢水映红了半边天，也映红了台町人的记忆。

台町纪事之英雄谱

1948年，来自延安的老革命林蔚森走进立山火车站一个二层楼的小院子。他走进院子，拿起步枪对院子大铁门开了一枪，过了一个老游击队员的枪瘾。

那时候，台町所有房屋的窗户几近破碎，很多窗户全部挂着草帘子遮挡风雨，大门无锁。好在台町的外层有层岗哨，里面的住户才感到安全。

台町迎来了新住户，这些新来者每一个都赫赫有名。在这里只讲述两个代表人物的故事。

李维民，这位后来的鞍山市市长，时任鞍山市公安局局长兼检察长，20世纪80年代有一部轰动一时的长篇小说《夜幕下的哈尔滨》，剧中主人公的原型就是他。他曾经的地下党经历还被改编成电影《自有后来人》，电影上映后轰动一时；又被改编成现代京剧《红灯记》，《红灯记》李玉和的原型还是李维民。

李维民曾和杨靖宇一起战斗，保护过抗联重要领导冯仲云，做过八路军副总司令彭德怀的保卫工作，1940年，千里惊心穿越敌占区，将刘少奇护送到延安。鞍山是他的新战场，台町是他的新住所。

1954年8月，作家草明来到鞍山体验生活，她在台町一住十年。

这位女作家就任第一炼钢厂的党委副书记，她不但熟稔钢铁生产技术，与之相关的配电、给水、耐火材料、机修、运输等配套环节的利害关系也了如指掌。炼钢厂的劳动强度和危险性极大，她硬是挺立在岗位上。

草明在鞍钢写出了新中国工业题材文学的扛鼎之作——长篇小说《乘风破浪》，创造了当代文学史上耐人寻味的"草明现象"。她为鞍钢留下了25万字的采访笔记，这份采访笔记被有关部门定为国家二级文物。

鞍钢纪事之"鞍钢宪法"

新中国的第一个五年计划，建设鞍钢被列为重中之重，大型轧钢厂、无缝钢管厂和7号炼铁高炉是"三大工程"。

三大工程是"一五计划"中的头号工程，也在苏联援建中国的156个重点项目中位列首位。

20世纪50年代初，按中苏约定，苏联专家来鞍钢指导，同时也把钢铁工业管理制度方法引进了鞍钢。后来，鞍钢又陆续选派了600多名干部职工，去苏联马钢等钢铁厂及院校学习。

但是苏联的经验并不完全适合中国国情。

1958年9月24日，中央委员会总书记邓小平视察鞍钢，强调鞍钢应大搞技术革命，技术革新和技术革命在鞍钢再度掀起高潮。

1960年3月22日，毛主席看过了鞍山市委总结的《大搞技术革新和技术革命开展情况》的报告之后，大为赞许，喜悦之情跃然纸上，他充分肯定了鞍钢的做法，"不是马钢宪法那一套，而是创造了一个鞍钢宪法。鞍钢宪法在远东、在中国出现了"。

鞍钢

"鞍钢宪法"在后来被冶金部总结为五项原则：一、坚持政治挂帅，就是说要坚持正确的政治方向，任何时候都要讲政治；二、加强党的领导；三、大搞群众运动，就是要坚持群众路线，全心全意依靠职工办企业；四、也就是鞍钢宪法的核心，实行"两参一改三结合"，"两参"是干部参加劳动，工人参加管理，"一改"是改革不合理的规章制度，"三结合"是工人、干部和技术人员三结合；五、大搞技术革新和技术革命。

1960年3月22日，毛主席批示并手书"鞍钢宪法"661个字，涵盖了"鞍钢宪法"的全部内容，这在当时毛泽东主席众多批示中，是最长的一篇。

台町纪事之苏联专家篇

1953年11月，台町被命名为友谊街，寓意中苏友好。

台町住进了援建中国的苏联专家。专家们住的房间进门是客厅，角柜摆放当时最好的"波罗的海"收音机，有浴盆和沐浴，各屋均铺地毯。鞍钢有了中国第一批苏联小轿车。

在台町中灶食堂旁有一个苏联商品小卖店，里面有裘皮大衣、布拉吉、各色披肩和巧克力。

在台町度过童年的邵贝羚是邵象华的女儿，她在一篇回忆文章里写到一个小故事——住在合町时，我家养了一条狗和一只猫。父亲给小狗取名为"乌拉"，即俄语中的"欢呼"之意。我家离东山公寓不远，住在那里的苏联专家的孩子们，有时会来和小狗乌拉玩儿，玩儿得很开心。一天，突然一块石头向小狗扔过来，小狗大叫。小狗乌拉的吠声吓得苏联小孩大哭起来。那位苏联专家到派出所告状，派出所警察把小狗乌拉强行拉走。派出所警察声称为保护苏联专家孩子的安全，因为这是关系到"中苏关系的大事件"，可爱的小狗乌拉被处死，这件事在我们全家的心中留下了难以磨灭的阴影。

1966年，友谊街改名为东风大街，寓意东风压倒西风。那时候苏联专家已经撤走了。

鞍钢进入了完全独立自主、自力更生的时代。

自20世纪50年代，全国支援鞍钢建设，从东北、华北、华东地区抽调590多名地县级以上领导干部支援鞍钢，在鞍钢历史上被称为"五百罗汉"。

台町的天空映照着他们忙碌的身影，夜晚的灯光晃动着他们的思绪。一个个技术难题在台町攻破，一个个经验也诞生在台町。

鞍钢是钢铁精神的摇篮，台町则是这精神的休养地和加油站。

鞍钢纪事之脊梁篇

北京的十大建筑上，99.7%建筑所用钢材由鞍钢所提供。

国庆10周年大典上，接受毛主席检阅的"五九式"坦克，全身披挂的装甲钢板，就是由鞍钢研制出来的。

在抗美援朝的空中战场上，有6架"鞍钢号"战斗机和1架"本溪煤矿工人号"战斗机，是当年鞍钢工人和本钢工人节衣缩食捐赠的。

鞍钢，英雄模范辈出，118人次荣获"全国劳动模范"称号。孟泰、王崇伦、雷锋和郭明义，这些在全国叫得响的名字也都出自鞍钢。鞍钢不但是共和国的钢铁脊梁，还是精神脊梁。

2010年5月，鞍攀重组，鞍钢集团成为中央企业中首个通过市

鞍钢

场机制实现跨地区联合重组的钢铁企业集团。

2013年8月，鞍钢为我国首艘国产航母提供了超过70%的航母专用钢材。

歼-8、歼-10、歼-20战斗机，其中部分钢材也由鞍钢提供。

中国桥梁的发展建设有鞍钢，西气东输有鞍钢，核电机组的建设有鞍钢，三峡建设有鞍钢，中国独创的深海利器"蓝鲸号"钻井平台超厚超强特殊钢材，还是由鞍钢生产制造。中国有铁路的地方就有鞍钢钢轨。2008年北京奥运会开幕式上，李宁在空中点燃圣火所使用的钢丝绳也是由鞍钢提供的。

鞍钢早已走出中国、走向世界。

台町纪事之嬗变篇

1958年，辽宁省委号召学习山西阳泉煤矿经验，为此鞍钢公司调整干部住房，规定凡是厂矿领导干部一律迁入所属矿区与工人同吃同住同劳动。厂矿长、矿党委书记一律搬离台町，台町住户成分第一次发生转变。

如今的台町，经过了市场化的浸润，居住者的身份已经多元。但很多家庭的装修未变，仍是红地板，木天棚，院子里开着樱花。

从20世纪50年代起，鞍钢先后向祖国各地输送钢铁建设人才125379人，其中仅冶金工厂就选调5万多人。其中的骨干力量很多都曾是台町的住客。

很多人只有短暂的停留。

在台町居住过的鞍钢人足迹遍布塞北草原、江南水乡、西南边陲、东北大地。

鞍钢夜色　20世纪80年代　张甸/摄

但我相信，无论他们居住和工作在哪里，曾经的台町，曾经的鲜花都会开放在他们的记忆里。

附件一：鞍山台町历史文化街区

台町位于鞍山市铁东区园林街道东宾社区，东临玉佛山风景区、二一九公园，街区建筑整体呈扇形布局，是鞍山近代建筑中内涵丰富、最具特色风貌的街区。辖区总面积为2400平方米，完整保留了137处历史建筑，其中独体别墅114栋。时至今日，街路如旧，建筑如旧。

1948年鞍山解放后，台町的迎宾馆一度是中共鞍山市委的办公所在地，后一度为鞍钢公司的办公所在地。鞍钢恢复时期及"三大工程"建设等许多重大决策都在这里作出。1954年开始，鞍钢从干部、技术力量上支援全国的钢铁及工业建设，从台町走出了一大批新中国冶金工业的开拓者、领导者，台町也成了共和国钢铁摇篮的重要历史见证。

对于台町历史建筑的保护，鞍山市铁东区政府大力推进基础设施改造，将台町特色休闲文化街区改造提升与老旧小区改造叠加并行，随着保护提升工作的持续推进，台町正在华丽蝶变，成为网红的"打卡地"、文化的"传播地"。

附件二：鞍钢博物馆

鞍钢博物馆位于辽宁省鞍山市铁西区环钢路1号，占地面积

67600 平方米，其中展馆面积 12600 平方米，钢铁主题公园 55000 平方米。场馆秉承"修旧如旧，建新如故"的理念，将始建于 1953 年的炼铁二烧厂房和始建于 1917 年的炼铁一号高炉合璧，赋予工业遗产全新的风采。鞍钢集团博物馆于 2014 年 12 月 26 日落成。

2023 年 5 月 12 日，被中华全国总工会命名为"全国职工爱国主义教育基地"（第二批）。

场馆由"沧桑岁月""长子鞍钢""创新鞍钢""奉献鞍钢""摇篮鞍钢""魅力鞍钢""绿色鞍钢""资源鞍钢""英模鞍钢""品牌鞍钢"10 个展区组成，并设有"一号高炉""烧结机"两个特展。

全馆共收藏具有珍贵历史价值的照片 3000 多幅、实物藏品 1 万多件。

2021 年 6 月，鞍钢博物馆入选首批 100 个中央企业爱国主义教育基地名单。

2022 年 3 月 30 日，入选 2021—2025 年全国科普教育基地第一批认定名单。

2022 年 8 月，入选第一批辽宁省职工思想政治教育基地。

消逝的煤海

——抚顺西露天矿

　　1958年，毛泽东视察抚顺西露天煤矿，站在观景台，眼前的景象让领袖深感震撼，他豪迈地写诗两句："大鹏扶摇上青天，只瞰煤海半个边。"

　　抚顺的发展让领袖心心念念。抚顺是新中国重要的煤炭生产基地，煤储量高达14.5亿吨，生产能力超过千万吨。领袖的到访给抚顺注入了更大的动力，1962年，抚顺的煤炭产量达到了1830万吨的峰值。

　　抚顺的煤炭品质优良，易于开采，露天矿生产屡创新高。同时，抚顺的冶炼、机械、钢铁等工业发展均受瞩目。"一五"期间，苏联援建中国156项工程，其中24项位于辽宁省，抚顺占了8项，相当于全省的三分之一。被誉为煤都的抚顺位列新中国十二大直辖市之一，城市设施十分先进，楼上楼下、电灯电话，全国人都羡慕抚顺。

　　抚顺的历史开启于大明王朝，朱元璋设立辽东十八城，明朝在高尔山下建抚顺城，"抚绥边疆，顺导夷民"。历史十分吊诡，就在这个叫抚顺的地方，生长出一支王朝的反叛力量，努尔哈赤建立后金，并将战火烧遍中原，直至改朝换代，建立清朝。

　　抚顺是大清王朝的"龙兴之地"，努尔哈赤不知道自己曾坐拥一片煤海，脚下黑金遍地。抚顺的秘密在1901年才开始被揭开。这一年，两个有眼光的官员"下海经商"，候选府经历王承尧和候补知县翁寿上书朝廷，申请煤矿开采。抚顺矿脉距大清皇陵20多公里，但光绪还是批准了这项请求。王翁二人分别成立了华兴利公司和抚顺煤矿公司，对抚顺煤矿进行开采。

王承尧开启了抚顺采煤的千金寨时代。千金寨，得名于"日进千金"，十几年时间，就由一个小村子变成了一个数万人的城镇。

如果知道了接下来的故事，你就会理解光绪为什么会同意在自己的祖陵附近开采煤矿。当时的情形是沙俄已对中国东北深深地介入，俄国人为他们的东清铁路寻找能源，早已觊觎抚顺的煤田。这一次，他们找到机会，先是翁寿中招，和俄国指派的代理人合资，很快翁寿就被资本踢出煤矿。王承尧的华兴利公司继翁寿之后也引进俄国资本，成立了中俄合资的煤矿公司。

王承尧的命运也在这一刻决定了，和翁寿不同的是，赶他出局的是日本人。日本人的掠夺比俄国人更赤裸裸，日俄战争中胜利的日本人将煤矿作为俄产，直接收归己有。为了收回权益，执拗的王承尧打了6年官司，仅获一点补偿，后郁郁而终。

1905年，日本人在抚顺设立"采炭所"。两年后，改由日本"南满洲铁道株式会社"经营，除开采原有矿井外，又在千金寨、杨柏堡开了"东乡坑"和"大山坑"两大竖井，到1912年，日产煤已达5000吨。日本人由此推行"第二期产业扩张计划"，建成古城子第一露天矿、第二露天矿、杨柏堡露天矿。至1930年，矿工总数达3万多人，抚顺露天矿已成日本"帝国的一大宝库"。

1915年，抚顺县治由抚顺城迁至千金寨，千金寨成了抚顺的政治、经济、文化的中心。畸形发育的千金寨，日本人街道设施完善，整齐划一，中国人街道杂乱不堪。

随着对煤田各采区的试钻和调查，日本人发现千金寨和古城子

抚顺煤矿开采初期古城子村落全景图

一带的煤炭蕴藏量比他们预想的要丰富得多。自1909年开始，"满铁"开始对千金寨的居民进行强制性的搬迁，他们在千金寨街市下面加大药量放炮，市民惊恐，夙夜不寐，只得被迫搬走。千金寨这座因掘煤而诞生的城市就这样被日本人从地图上抹去了。今天，我们只能从老照片上见证过去的千金寨。千金寨位于抚顺西露天煤矿的矿坑一隅。

廉价的劳动力和优质的煤炭为"满铁"提供了丰厚的利润，日本政府把抚顺煤矿称为"满铁"的心脏。很长一段时间，抚顺煤炭被作为评定日本煤炭质量的东洋标准煤。"满铁"掠夺的煤炭通过铁路运到大连，从甘井子煤码头装船运往日本。

1909年的一天早上，"满铁"抚顺煤矿的苦力们和往常一样在作业场劳动。一个工头抽烟，随手扔掉的火柴点燃了覆盖在煤层上面的石头。能燃烧的石头很快送到"满铁"中央实验所，日本人惊讶地发现，这是一种叫作油母页岩的石头，干馏以后可以提炼出自身重量百分之五左右的石油。

石油资源匮乏的日本人欣喜若狂，"满铁"地质调查所对抚顺煤矿的矿层进行了一次大规模调查。调查结果表明，抚顺煤矿的油母页岩层厚达120多米，储量高达55亿吨，利用这些油母页岩可以提炼出3亿吨石油，相当于当时美国石油储量的五分之一，而这些石油足够日本使用300年。

1926年10月，"满铁"实验所成功研制了干馏炉提炼装置，开始对抚顺的油母页岩进行大规模的开采和提炼。1939年，"满铁"已经达到年产30万吨粗油的生产能力。

日本人把欺骗和抓捕来的劳工分别输送到铁路、矿山、军事等工程中做苦力，在关东军刺刀的威逼下，劳工们从事着沉重的劳动。劳动条件极其恶劣，劳工的生命根本得不到保障，每开采2万吨煤

日本侵略者奴役下的大山坑选煤场工人（1909年摄）

杨柏堡坑矿工在把头的监视下开凿掘进大巷道的情景（1921年摄）

　　蒸汽机车——唐山机车车辆工厂20世纪60年代初研制"上游"型工矿用蒸汽机车。1969年引进抚顺西露天矿,于2005年退役。该展车长21.513米,宽3.3米,高4.446米,自重140吨,蒸汽压力14.5帕,牵引力20.5吨,速度80公里/小时。主要用于电铁线路、车站移设、材料设备运输等就要搭上一名中国工人的生命，并使30名工人伤残。20世纪70年代，相关人员对抚顺的万人坑情况进行调查，在抚顺区域内发现了70多处万人坑。老人们回忆，当年只要是矿区，就会有万人坑。根据日本单方面统计，自1916年至1944年间，因事故伤亡劳工达251999人次。

在这些劳工中，就有著名的抗日英雄杨靖宇；有为中国革命作出过重大贡献的张浩，张浩原名林育英，是林彪的堂兄。焦裕禄也曾在自己的简历中写下曾在抚顺做劳工的经历。

自1905年开始至1945年，日本侵占抚顺煤田40年间，最高年产量近10万吨，占东北地区煤炭总产量的70%左右。1923年以后，抚顺煤矿产量已超过开滦煤矿，成为全国第一大矿，在东亚首屈一指。抚顺煤在国内运往华南等地，海外运销日本、朝鲜、南洋等地。第一次世界大战前后，抚顺煤炭几乎独占了东洋煤炭市场。

日本人1932年发行的明信片展示了当时各种先进的大型工业机械设备，西露天矿在滚滚浓烟里一片"忙碌"。高采掘现场一层一层，梯田一般的运输盘道在大坑内迂回盘旋，蛛网一样布满矿坑。露天矿坑内厚厚的煤层通过挖掘机直接装车运到地面，日本人盗采了抚顺2亿吨煤炭。

1945年，日本投降，抚顺煤矿被国民党接收，经过苏联人强拆后的煤矿缺坑木、缺原料、缺资金、缺粮食，物价飞涨，矿工一个月的收入连10斤豆饼都买不到。

1948年10月30日夜，解放抚顺的战斗打响。31日早7时，抚顺煤矿没费一枪一弹，顺利解放。

1948年12月，抚顺矿务局临时委员会改为抚顺矿务局。为了迅速恢复生产，抚顺煤矿临时委员会发布了《献纳器材运动办法》，并成立抚顺矿务局献纳器材委员会，共有3万余人献纳器材9万余件，

　　108T采矿汽车－SF3102型采矿汽车。湘潭电机制造厂20世纪80年代末研制，是我国自行设计生产的首批电传动大型矿山自卸汽车，1990年抚顺西露天矿首家引进，于2007年退役。该展车长10.882米、宽5.84米、高5.07米，自重85吨，载重量108吨，发动机功率1200马力。具有载装量大、爬坡能力强、故障率低、出动率高的特点。主要用于煤炭、油母页岩、围岩的生产运输。本矿在生产运用中对其进行改进，实现了自动变速微机调控

十八盘

搜集钢铁4800多吨。

新中国成立后，抚顺煤矿开始了恢复建设工作。作为共和国工业的长子，抚顺煤矿向新中国奉献出了第一吨煤、第一桶页岩油、第一炉钢、第一包铝，填补了新中国的诸多空白。

抚顺煤矿从1956年开始实施总体改建，煤炭生产能力很快达到千万吨以上，抚顺跃升为国家重要的煤炭生产基地。著名作家萧军来抚顺体验生活，写出了著名的小说《五月的矿山》。著名诗人郭小川在他的《两都颂》里讴歌抚顺，"亿万人民正索要你更多的乌金墨玉""千万企业正等你拿出更多的工业食粮""源源不绝的黑亮黑亮的煤炭""永远永远是生活的热和力的源泉"。浪漫的诗人把"沸腾的""使人陶醉"的矿山称为"我们亲，我们爱"。

但郭小川们没有想过抚顺的未来，更没有想过再深再大的煤海也可能枯竭。遗憾的是，这一天终于来临。

中国第一大露天煤矿、亚洲第一大露天煤矿——西露天煤矿，在2019年6月正式关停。西露天矿开采历史长达118年，作为世界第七大露天煤矿，新中国成立以来，累计为国家生产2.8亿吨煤炭、5.3亿吨油母页岩，为国家经济发展和建设作出了重大贡献。

关停的西露天矿曾经帮助国家度过艰难岁月，现在迎来了自己的艰难时光。

抚顺西露天煤矿矿坑长将近7公里，宽2公里，总面积为10平方公里。开采深度为海平面-339米，垂直深度为424米，最终开采垂直深度为478米，是亚洲第一大"天坑"。媒体报道，抚顺西露天矿的坑底是中国大陆的最低点。抚顺又创造了一个"中国第一"，但这个第一让人深深感慨，仰面浩叹。

抚顺的煤海里曾发掘出数不清的琥珀，琥珀里有5000万年以前的昆虫和树叶，大自然对抚顺的馈赠源自喜马拉雅造山运动，源于远古的天翻地覆。考古学家也曾在位于沈阳的新乐遗址中发现70多枚抚顺煤精磨制的珠子和饰物，新乐人生活的年代是7000年前。

如今的西露天煤矿，抚顺人已经建起了一座煤矿博物馆。我行走在博物馆里，听着干练的讲解员动情地讲完抚顺西露天矿的故事，走去户外的广场，那里停放着日伪时期的黑色机车，展览着高大得惊人的挖掘机，这些机车都在默默地诉说着曾经的不凡。

在抚顺西露天矿的最后一站，我来到了西露天矿坑观景台。观景台正前方的矿坑已经回填治理，种上了茂密的树木。向东方纵目，巨大的矿坑弥漫着发亮的雾霭，但仍能看清忙碌的人和车，工人们有了新的使命，抚顺人要将西露天矿的矿坑改变面貌，重塑环境，开发旅游。

回程途经抚顺古城子河，初冬的季节，河道干涸，芦花摇曳。

复绿

煤铁锻造的乌亮时光

——本溪湖煤铁遗址园

秋天，本溪绵延的山峦燃烧着簇簇枫火，每一片红叶都积淀着一春一夏的红润和深沉，映照并涵养着这片山川大地，还有它的非同凡响。

如果我们确知煤是怎样形成的，确知铁矿石是怎样形成的，那么我们就可以想象电光石火的远古，想象这里的翻覆与沸腾。但是今天，我们只能从这片大地的地质地貌去推测几十亿年前的景象。

2005年，位于辽宁省东南部的本溪作为整体城市，成功申报成为国家地质公园，这里发现的磁铁石英岩和火山岩的年龄大于30亿年，属中太古代。煤、铁、铜、铅、铀、石灰石、耐火黏土和铝矾土，几十种矿藏埋藏在本溪的山林之下，尤以煤铁和石灰石资源最为丰富。

本溪在汉代称幽州辽东郡襄平县。早在辽代，太子河流域已有铁的生产。明代，本溪地区是辽东的重要产铁区，最早的铁场设立于明永乐九年（1411）。即使清朝封禁东北，整个清代，本溪地区的冶铁和采煤业仍然繁盛。

本溪的煤铁业肇兴于本溪湖。本溪湖是我们这个星球上最为奇特的湖泊，吉尼斯世界纪录将其认证为全世界最小的湖泊。一泓潭水，被围于石灰岩洞中，水面不足15平方米，每昼夜流量却近2万吨。湖形外阔内狭，极似犀角做成的酒杯，故称"杯犀湖"，清雍正年间改称本溪湖。

本溪地名的由来正是源于被誉为关东十景之一的本溪湖。

日俄战争结束之后，觊觎和垂涎本溪矿产资源的日本人活动频繁，军火贩子大仓喜八郎发现本溪湖煤矿和庙儿沟铁矿储量丰富，挖空心思，决意开采。日本关东都督府无视中国主权，以采煤供应军需为由，非法批准了大仓的开采申请。

1906年1月，大仓喜八郎侵占本溪湖煤矿，举行开井仪式。

1906年7月，清政府筹设本溪县署衙门，同年10月，清政府正式批准将辽阳州东部、兴京抚民厅西南部、凤凰厅北部地区划出，设本溪县建置。

清廷在本溪设县，比大仓喜八郎的本溪湖煤矿开业晚了9个月。

日本人建立本溪湖大仓煤矿，损害了中国主权。中日几经交涉，才决定该煤矿中日合办。1911年1月1日，中日合资的"本溪湖商办煤矿有限公司"开办，1912年1月23日，又正式改称为"本溪湖商办煤铁有限公司"，开始炼铁。

1915年1月13日，日产生铁130吨的1号高炉建成，举行点火仪式，正式投产，是我国东北地区使用高型高炉炼铁的开端。

1号高炉主体设备由英国设计，英、德两国承担制造，炉容291立方米，日产生铁130吨，其设备工艺水平领先亚洲。

1931年9月至1945年8月间，日本帝国主义独霸了炼铁厂生产。

1949年，中共中央东北局召开一铁厂恢复生产庆典大会。新中国成立庆典之日，1号高炉流淌出炽热的铁水，为开国大典贡献上一份厚礼。

年轻的新中国急需钢铁，尤其是生产枪炮、飞机和坦克的钢铁。本钢一铁厂生产的低磷铁成为新中国第一支枪、第一门炮、第一辆

本溪湖煤铁遗址

坦克、第一架飞机、第一艘潜艇、第一枚火箭、第一颗人造卫星所需的特殊钢原料。

1号高炉于1958年至1985年间连续27年获得全国高炉利用系数冠军，1981年至1985年间，连续六次被冶金部评为全国"红旗高炉"，1986年被评为"特级高炉"。

1号高炉自创建至2008年停产，总计进行了8次改造和修建，目前的高炉基本保持了停产前的面貌，它的最高点约60米，主体系统占地面积约1万平方米，分为斜桥上料系统、炉体冶炼系统、热风炉供热系统、晾水塔冷却供水系统、发电动力系统等。

本钢一铁厂旧址作为一个整体炼铁工业遗址，包括一条完整的炼铁生产线，是中国现存最早的高炉，因本钢是最早的钢铁企业得以保留，成为本溪湖工业遗产群的核心物证。

本溪的矿藏资源是造物主馈赠给这片土地的礼物，世界上最小的湖泊本溪湖，就像地球的一滴眼泪，而1号高炉乌亮的炉体就像一面镜子。

眼泪因苦难而流淌，镜相由照见而明亮。

以本钢1号高炉为代表的本溪湖煤铁遗产群饱经沧桑，见证了日本帝国主义对我国煤铁资源的掠夺，对中国人民的残酷压迫和奴役；见证了本溪煤铁公司对全国解放、抗美援朝和新中国工业化建设的支援和贡献；还见证了本溪这座这座城市的产生和发展历史；更见证了中国钢铁工业产生、发展和壮大的历程。

今天的本溪湖工业遗产群共有8处遗址，近20个单体，集中连片，仅有3平方公里范围内，保有本钢一铁厂旧址、本钢第二发电厂冷却水塔、大仓喜八郎遗发冢、本溪湖小红楼和大白楼、本溪煤矿中央大斜井、东山张作霖别墅、本溪湖火车站和彩屯煤矿竖井等。

本钢1号炼铁高炉炉龄超过百年，且在原址从未移动过；采煤大斜井当年号称亚洲第一，年产量超过百万吨，本溪煤矿中央大斜井是世界最大矿难纪念地，安奉铁路桥为最早的铁路大桥。

本溪湖煤铁遗址园内还有中国共产党领导的早期工人大罢工爆发地、中国共产党特殊支部诞生地、抗日前线被俘八路军武装暴动地、中国共产党创建的东北最早公学、抗美援朝支前火车站。

一铁厂调度室的墙上，作为历史物证悬挂着创办人大仓喜八郎的汉字书法，这个本溪矿藏资源的掠夺者是一个中国通，死于1928年。其子大仓喜七郎在城中山上最高处为他修建了一座遗发冢，毁于"文革"期间的遗发冢曾放有大仓喜八郎的一绺头发。

昔日的"东北王"张作霖的别墅坐落在山坳里，坐北朝南。主体建筑东西长37.5、南北宽20米，为三层建筑，砖石水泥结构。该别墅屡易其主。

本溪湖煤铁公司和事务所旧址，俗称本溪湖小红楼和大白楼，其中小红楼建于1912年，大白楼建于1921年，原是清末中日合资的本溪商办煤铁公司和伪满洲国本溪湖煤铁公司的办公大楼。先后经历了清王朝、中华民国、伪满洲国和中华人民共和国四个历史阶段。

本溪湖火车站始建于1904年铺设"安奉铁路"时，现今仍在使用中。

彩屯煤矿竖井始建于1938年2月，当时，日本帝国主义为扩大侵华战争需要，极力扩增本溪湖煤炭资源的掠夺，决定建设该口竖井，日本人号称"东洋第一大竖井"。彩屯煤矿竖井是本溪煤铁之城的象征。

本溪湖煤铁遗址园设备保存较好，体现流程完整，2009年被国家文物局评为当年"全国文物遗址百大新发现之一"，2011年被中宣部列入"全国红色旅游经典景区名录"，2013年被国务院公布为

"全国重点文物保护单位"，2017年被国家工信部列入"中国首批工业遗产名录"，2018年被全国文物协会和建筑协会列入"中国20世纪建筑遗产名录"。

本溪湖工业遗产群是集采煤冶铁生产、工业艺术流程、科学技术研究、先进劳模榜样、爱国主义教育基地等为一体的全国为数不多的工业遗产群。

本溪，燃烧并凝固着历史，是当之无愧的煤铁之城。今天，距离本溪几十公里的南芬铁矿矿区，仍激荡着爆破的回响，惊天动地，让人震撼。从南芬开掘的铁矿石仍然源源不断地运往炼铁厂。

本溪工业遗产群已历百年，未来的某一天，今天也将成为被回望的历史。那时候，人们将眺望曾被煤铁锻造的晶莹时光，眺望这座不可多得的遗产群被保护的历史。

飞花的芦苇

——营口造纸厂

　　90多年前夏季的一天，下午5时左右，辽宁营口一个叫蔡寿康的孩子和小伙伴们在外面玩耍，他们突然发现天空有一条"龙"。当时是阴天，那条"龙"也是灰色的，形象和画上画的一样。

　　1934年8月初的《盛京时报》报道了营口"坠龙"事件：7月28日，一条龙在营口的天空降落，弄翻3只小船，卷坏日资工厂的房子，9人死亡，掀翻停在车站的火车。

　　《盛京时报》图文并茂，这起事件也写进了营口地方志。天降巨龙，人们用苇席给它搭起凉棚，怕它身体发干，人们挑水往它的身上浇，寺庙的僧侣们给它作法。又一次暴雨来临，"坠龙"消失不见，几日后，人们在苇塘里发现了它的尸体。

　　这起神秘事件就发生在营口鸭岛，而"坠龙"的地点就是营口造纸厂的位置。

　　营口的苇塘浩浩荡荡，无比神秘，大辽河从这里向西注入渤海。在沟营（沟帮子到营口）铁路修建之前，鸭岛是一片人迹罕至的湿地，只有水鸟在芦苇荡里起起落落。

　　人们很少知道，沟营铁路的设计者就是大名鼎鼎的詹天佑。1900年4月，沟营铁路通车，火车像一头钢铁巨龙轰隆隆地驶过万年苇海，鸭岛也迎来了它的第一批居民。1908年，世界石油巨头美孚石油公司在营口建厂，鸭岛居民逐渐增多，人们开始建造石头混

营口造纸厂正门

凝土的房子。今天，鸭岛仍有一个地名，叫"石头房子里"。

日本侵占东北后，便想利用营口地处大辽河入海口、拥有丰富芦苇资源的特殊地理优势，着手筹建造纸厂。

1935年，日本钟渊纺绩株式会社社长津田信吾在伪满洲国视察时，在飞机上看到辽河入海口有大片苇田，便产生了芦苇代替木材生产人造绢浆的设想。回国后令本会社的武藤理化学研究所进行生产性试验。当时，在日本国内，一般人认为芦苇不能制造绢浆。经过好长一段时间的研制，终获成功。

钟渊纺绩株式会社决定在营口开设造纸工厂，以芦苇为原料制造绢浆，康德苇巴尔布股份有限公司因此建立。1936年9月，经伪满洲国政府许可，在营口市北三家子（即营口市振兴区昌庆街）买地建厂。

三家子地处辽河北岸，水源充足，又有辽河三角洲一带茂密的芦苇作原料，地理条件十分优越。同年10月着手建厂，1938年5月正式开工生产。当时的主要设备有蒸煮锅3台、打浆机3台、112英寸抄纸机1台、氯气碱酸处理塔1台、锅炉7台。工厂占地50万平方米，苇田30万亩。生产能力日产人造绢浆20吨。

随着造纸厂日益壮大，对芦苇的需求量逐步增加，大批居民搬迁到鸭岛西部，腾出空地生产芦苇。鸭岛芦苇的产权归辽滨苇厂所有，居民靠苇吃苇，大多成为辽滨苇厂的工人，进行芦苇养护和收割。

康德苇巴尔布股份有限公司营口工厂所有工程竣工，设备开始运转。1938年5月正式开工生产人造绢浆，但生产并不顺利。因产品质量不合绢浆原料所要求标准，经屡次改进，同年11月底勉强合格。由于未经精准研究，芦苇灰分高，灰分中含矽高，亚硫酸法制浆不易改变此种灰分含量，而绢浆原料灰含量要求却十分严格，这

营口造纸厂

样导致成本过高，再加上水源不足、水质混浊、芦苇质量不良、灰分太大等原因，不适合绢浆品质，当时年产量约为1600吨，即停止制造，改产造纸用漂白苇浆。

1939年5—11月，康德苇巴尔布股份有限公司营口工厂改革了机械设备，增设了86英寸抄纸机1台生产白板纸。1942年又增添86英寸小抄纸机1台生产手纸，并在同年改厂名为钟渊制纸株式会社营口工厂，厂长仍由日本人担任。当年漂白苇浆产量为6796吨，白纸板及手纸为3857吨。1943年是该厂自投产以来生产量创最高纪录的一年，年产漂白苇浆7283吨、白纸板及手纸4427吨。

1944年造纸厂再增设88英寸长网机1台、打浆机4台，同年10月厂名改为满洲制纸株式会社营口工厂，但1945年日本投降时此项工程尚未全部完成。

从1937年7月到1945年8月的8年间，工厂先后增设了切苇机2台、硫黄燃烧炉2台、蒸煮锅3台、漂白浓缩机13台，并收买了辽河两岸附近盘山、锦县（今凌海市）、海城、营口一带大片苇田作为原料基地。

在日本垄断资本经营期间，纸厂的性质及其生产成品不断变革，厂房窄狭，采光不足，劳动保护设备及劳动条件都很恶劣。由于其经营规划缺乏精密的全盘计划，只在获得利润之后才逐步扩大，技术上又中道改易产品，故厂房形成东拼西凑，不成体系，造纸设备基础残旧不堪。

1946年10月1日，国民党资源委员会接收工厂，厂名改为资源委员会辽宁纸浆造纸有限公司营口造纸厂，主要生产光纸。因战争原因，工厂未能持续生产。1948年11月，共产党接收营口造纸厂，工厂终于开始恢复建设。

1951年，营口造纸厂工人创造出"快速蒸煮法"，使大罐蒸煮

营口造纸厂

时间缩短6个小时，由原来的日产3.3罐提升到日产18罐，首创全国最高纪录，并在造纸行业推广。

1967年，营口造纸厂生产出了中华人民共和国第一张凸版印刷纸，解决了印书纸只能进口的问题。这种纸成为当时《毛泽东选集》专用印刷纸。

1971年，生产出第一张电容器纸，满足了国防和电子工业的需求。

从1982年开始，营口造纸厂在国家改革、开放、搞活的方针指引下，深化企业改革，加速技术改造，消化和吸收了从国外引进的技术设备，走出了开拓国际市场的外向型经济路子。这种做法被轻工业部和省、市誉为"营纸方式"。

1982年9月，全国第五次"质量月"授奖大会在北京人民大会堂举行，营口造纸厂"芦雁一号"有光纸荣获银质奖章。纸厂用全苇浆生产的鹦鹉、单鹿、叶牌3种低档小卷筒卫生纸80%以上的产量远销港澳、东南亚、非洲、南美洲等地。

1987年，营口造纸厂生产出第一张涂布白板纸，填补了我国高档包装用纸的空白。

1988年，营口造纸厂成为我国第三大造纸厂，位列全国企业500强排名第298位。

时代在前进，当年无边的苇塘成就了营口造纸厂的伟业；新时期，造纸厂生产的废水却成了辽河环保的难题和需要整治的目标。

2010年7月，营口造纸厂机器的轰鸣声终于停了下来。这一天，与这家工厂开工相距74年。

2019年12月，营口造纸厂被认定为第三批国家工业遗产，核心物项：大罐厂房，切苇厂房，九号机厂房，十五号机厂房；157立方米的立式蒸煮锅3台，220立方米蒸煮锅4台，圆盘式切苇刀，干法除尘系统，3150长网多缸凸版纸机2台。2023年9月13日，入选第三批"中国工业遗产保护名录"。

夏秋季节的大潮过后，鸭岛的芦苇荡里，海鸥、白鹭、大雁在蓝天白云下盘旋，在水中游弋和栖息，人们到河边钓鱼摸蟹十分惬意。

身处鸭岛，熟悉历史的人会说起那条神秘"坠龙"的往事。

芦荻飞花，养了当地人100多年的芦苇已经失去了昔日的经济价值，如今，割苇子的"刀客"只能送些苇子到河北、天津，编成苇帘出口。看着摇曳的芦苇，更多的人还会说起曾经辉煌的造纸厂，想起许多过去的时光。

遗址前的眺望

——海州露天煤矿

　　在讲述阜新海州煤矿之前，我们要先讲两个遗址：一个是位于阜新城外的查海古人类遗址；一个是站在海州遗址公园能够眺望得到的阜新万人坑遗址。

　　查海古人类聚落位于阜新市近郊。该聚落的发现，将东北辽河流域的人类文明前推到8000年前。这里出土了迄今世界上人类加工并且使用过的最早的真玉器，被称为"世界第一真玉"。古代的查海人将蟾和蛇的形状塑在粗陋的陶器上，用石头塑垒出一条蜿蜒的长龙，史学家将其称为"中华第一龙"。查海的史前遗存比红山文化要早千年以上，这里的史前文明被人类学家命名为"先红山文化"。

　　8月的下午，站在石龙雕塑前面，远望遗迹北方连绵的查海山，我突发奇想，眼前的红褐色堆石更像是横亘的查海山。也许在无数个日子里，某一个极有艺术天赋的先民望山塑形，为聚落创造了一座蜿蜒的石头山。幸运的是，历经8000年的风霜雨雪，这座石雕竟然能够保存完好，一直延续到今天。

　　有眼光的阜新人一定希望那条堆石是一条石龙，昂首西南，吞吐东北，正欲腾空而起。因为有了出土的真玉，因为有了独具匠心的石塑，阜新有了一个响亮的名字——玉龙之乡。

　　陶器上的蛇形和蟾凸，蜿蜒的红色石雕，还有闪光的耳饰玉玦，要知道这些器物都产生于人类史前，距今已有8000年的历史。还有，这里最小的房址只有30平方米，而特大的房址面积却达157.32平方米，堪称"查海豪宅"。

不知名的细碎黄花摇曳在艾蒿丛中，目光所及之处，仍有大片尚未发掘的聚落区，尚未发掘就意味着仍有尚未发现的惊喜。

我们已知的事实是，阜新这一"龙兴之地"最早被发现的是埋藏在地下的黑色的煤。阜新发现煤的历史开启于100多年前。1913年，孙家湾村民发现煤田，开始建窑开采。

孙家湾，这个注定写入阜新史的地名，深深的地下是黑漆漆的煤块，薄薄的土下是白森森的人骨。

阜新市太平区孙家湾的万人坑始建于1940年，是日伪统治时期埋葬死难矿工及抗暴青工的墓地。1936年至1945年，被强征到阜新地区的劳工达50余万人，其中10万余名劳工因饥饿、伤病、瘟疫、事故、迫害等原因死亡。迄今为止，这里已发现受残害矿工遗骨7万余具。

阜新万人坑死难矿工纪念馆内展陈着一幅幅日伪时期煤矿上的劳工照片。日本在生产上实行"人肉开采"政策，矿工们住着低矮潮湿的工棚，衣衫褴褛，骨瘦如柴。他们住的工棚是用秫秸席搭的，不遮风不挡寒，矿工们挤在铺着草的地上睡觉。吃的是又苦又涩的橡子面窝头。有的矿工在坑下被冒顶砸死、瓦斯熏死，不少矿工因为吃橡子面胀肚而死，更多的人是冻死、饿死、病死，有的被活活打死，更有甚者被活埋。

站在查海古人类遗址的阳光下，你可以尽情地想象先民们燃起的缕缕炊烟是怎样的氤氲。那时候，先民们依山而居，傍水图存，天上的白云如羊如马，他们将火种藏于陶器，长燃灶下，那是生命的火种。先民们为了创作，捡拾红褐色的石块时发现过黑色的石块吗？

站在海州露天煤矿的矿坑前面，眺望对面的孙家湾，肃穆的纪念碑仁立在山坳间，天光草色，那些无望的矿工临死的关头会想什么？

　　讲过查海史前"艺术家"的故事，讲过孙家湾在暗无天日中死去的矿工们的故事，你就能知道新中国成立后的一代人会对深埋在这片大地下的"黑金"有多感激和自豪，你就能理解在万人坑畔开启的自由的新生活有多么的幸福和踏实。

　　海州矿区发现的植物化石透露着远古的信息。在白垩纪，海州矿区范围内气候湿润、温暖，所处地理环境为冲积扇前缘湿地和网结河流域间，真蕨植物及银杏、苏铁类植物，尤其是裸子植物种类繁多，生长茂盛，且长时间的倒伏植物的堆积，使之形成了百米巨厚煤层。

　　在漫长的地质年代演化过程中，海州矿区形成了沙海组、阜新组、太平层群3组煤系6个煤层群，最大厚度达182米，平均为82米。

　　1913年，孙家湾村民发现矿田，不少中国人出资兴建小煤窑采煤。1915年12月，冯彦臣创办富裕煤矿公司，随后日本南满铁道株式会社阴谋攫取矿田开采权。1928年2月，张学良创办了东北矿务局孙家湾煤矿。

　　当时，矿井规模很小，竖井和斜井垂深都在30米左右，只能开采浅部煤层，基本上是土法开采，用黑火药放闷炮，铁锹装筐。斜井采的煤由人沿斜井背到地面，照明是铁钵麻油灯，后来改用"戈兰式"煤油灯。竖井提升起初用辘轳，后来改为蒸汽机绞车提升。斜井与竖井建在一起，采取斜井入风、竖井排风的自然通风方式。起初是人力推动的小磨筒式抽水机排水，后来也改用蒸汽机驱动，斜井提升也采用了马拉窄轨矿车运输，产量很低。

1933年3月1日，张学良的煤矿被定为"逆产"予以没收，先由伪满洲国第二军接管，同年10月交给日本关东军特务部，改称孙家湾炭矿。

1944年3月，成立"海州露天掘开发事务所"，计划将太平采炭所的斜井废除，变为露天开采。

为了大规模掠夺煤炭，1935年7月，"满炭"理事长河本大作率人来到阜新，整个矿田被日本帝国主义霸占。日本人采取边掘边建的办法，建起了露天和斜井。1935年8月开始建孙家湾露天矿。到日本投降前夕，孙家湾和太平采炭所共建成8个斜井。

日伪统治时期的1936年至1945年，从矿田采出煤炭952.4912万吨，其中孙家湾露天掘采出煤炭432.277万吨。

1946年1月，国民党南京政府经济部东北区办公处特派员接收阜新煤矿；10月初，国民党南京政府行政院资源委员会接办阜新煤矿，成立资源委员会阜新煤矿有限公司。矿田开采机构有太平矿厂和孙家湾矿厂，两个矿厂各有3个分厂，1947年煤炭产量最高仅相当于日伪时期最高年产量的28.1%，原孙家湾采炭所五坑的两个斜井和海州露天矿均停建，太平采炭所的三坑、四坑、一坑停采。

1948年3月18日阜新解放，4月20日各矿成立管理委员会。1949年9月，孙家湾煤矿与太平煤矿合并为海州煤矿，开始露天矿建设。1949年底，孙家湾煤矿、太平矿恢复了8个坑口，当年两矿产量共计197.395万吨。

在第一个五年计划期间，海州露天煤矿被列入我国大规模经济建设计划中156个重点工程项目之一，于1953年7月1日正式投入生产，设计年产量300万吨。

海州露天煤矿是中华人民共和国成立后建设的第一座大型现代

化露天煤矿。1953年7月1日，露天煤矿正式投产，被命名为海州露天煤矿。累计生产煤炭2.44亿吨，完成工业产值96.98亿元，上缴利税33.45亿元。随着煤炭资源的枯竭，海州露天矿于2005年6月闭坑停产。

海州露天矿国家矿山公园位于阜新市太平区，是在海州露天煤矿采矿遗址上建立的世界现代工业遗产旅游项目，是全国首批、辽宁唯一的国家矿山公园。

2005年7月，海州露天煤矿被国土资源部列为全国首批28家国家矿山公园之一。2006年9月，海州露天矿国家矿山公园开工建设，2009年7月27日正式开园。

海州露天矿国家矿山公园主题广场总面积3万平方米，摆放海州露天煤矿53年来使用过的大型采矿运输设备。99号单斗挖掘机又称电镐，是1952年由苏联制造，铲斗容量4立方米，从海州露天煤矿建矿到关闭期间一直是全国同类型的先进包机组，用于露天采装生产，其作业画面先后入选中国1954年B-2邮票和1960年版伍圆人民币图案。

主题广场南部两座相对称的建筑就是博物馆，博物馆主体建筑高15米，总建筑面积5万平方米，寓意海州露天煤矿三代矿工15万人为共和国建设作出的贡献。

海州露天矿国家矿山公园纪念碑位于两座博物馆中间正南方，纪念碑上镌刻"海州矿精神永存"。纪念碑底座31米见方，高5.3米，整个纪念碑高度为24米。寓意海州露天煤矿53年间为国家输送煤炭2.4亿吨。纪念碑为岩石包裹钢筋混凝土建筑，岩石缝隙中开出变体电镐，电镐上面是矿工群雕像，寓意开天辟地。附属4组仿青铜雕塑，主题分别为"创业豪情""雄心壮志""辉煌岁月""情满

海洲露天矿国家矿山公园

千秋"。

海州露天矿国家矿山公园的观景台，依矿坑东侧北帮修建，可以俯视整座矿坑。

曾经的亚洲第一大露天煤矿——海州露天煤矿，矿坑东西长3.9公里，南北宽1.8公里，深约350米。整座露天矿坑相当于38座北京故宫、1.2个西湖。

矿坑负海拔175米，比我国地理最低点的艾丁湖还低16米，是世界最大的人工废弃矿坑。

8000年前的查海古人类遗址向后代展示着破碎的陶器，8000年后的阜新给后代最震撼的展示必是这一人工开掘的巨大矿坑。

这个巨大的矿坑人们开掘了上百年，将几亿年的宝藏掘尽挖空，未来的人们会怎样看待今天？他们会感叹"古人"的伟力和心酸？不管怎样，他们面对的都是地球上一个巨大的伤口。黑色的伤口流淌着红色的火焰、红色的铁水，也曾流淌着红色的希冀和无尽的缺憾。

站在阳光下，巨大的矿坑对面冒着一簇簇白烟，如果在夜晚，白烟便成为幽幽的蓝色火光。无边的暗夜中，当年的矿坑里矸石和残煤仍在燃烧。每一个着火点都是一处废弃的旧矿巷道。已知的燃点有108处之多。暗夜中，偶尔会有坑壁滑坡的轰隆声，缓沉的地质灾难造成附近居民逐渐北迁。

离开海州露天煤矿遗址，走在宽阔少人的阜新街头，眼前闪现着站在矿坑前落寞的老人们的面容，人类的工业遗迹有着鲜明的时代特色，更有着旷古的幽思和无边的寂寞。

未来的人们站在查海的石雕前会想什么？站在海州巨大的矿坑前会想什么？

隆隆作响的会战故事

——辽河油田

"大会战"不仅是一个历史词汇，更是一段特殊历史时期的写照。在人类史上，再也找不到这样一种开启——短短的一瞬，一片亘古荒原隆隆作响，无数的机器和人流从四面八方赶来，大地惊骇异常，深藏地下的油龙发出如雷的吼声。

辽河油田的历史上写着湿硬的几页——1967年初，大庆油田抽调3支井队、两支试油队及地震队、安装队和固井队共579人，组建大庆六七三厂，辽河石油勘探规模作业从此开启。

1969年11月22日，32148钻井队将完钻的黄五井交给试油队，射孔完成，在求产过程中发生强烈井喷。井场气浪冲天，响声震耳，井口气柱50米，喷出的气带长达5千米，随风扩散至10千米。

这是辽河南大荒的地下发出的第一次强烈嘶吼，大地喷薄着气焰，一条气龙肆意冲腾，那26个小时惊心动魄的抢险写进了辽河油田的开发史。当时的英雄们立功受奖，在各地巡回报告，历时一个月。

黄王井战井喷抢险不仅是一次壮举，更是大地被征服的一个象征，井喷泄露了辽河湿地的秘密——辽河盆地油气资源储量喜人。

1970年3月24日，国务院特急下发文件，批准石油部军管会加快建成辽河油田的报告。在此之前，石油部军管会早已行动起来，

油田壮歌（1） 1970年辽河油田11号井

会战辽河。大战在即，如箭在弦，只争朝夕。天津大港六四一厂的两支钻井队接到的命令是10天之内设备搬迁并安装到位，以确保3月22日，即毛泽东主席亲自制定的"鞍钢宪法"发表10周年之际准时在辽河开钻。

接到任务时，3241钻井队正在河北滦县打井，他们苦战三天三夜，拆卸设备装车，火速出关，星夜北上。东北大地正值隆冬，钻井队赶到目的地立刻寻找井位，刨冰挖土。他们抢装设备129车。先期到达辽河的六七三厂32145钻井队全力支援3241队，两支队伍终于按照要求，分别在井场就位。

1970年3月22日，辽河会战动员誓师，两条巨幅标语高悬于主席台两侧的地震车载钻机架之上，上幅写"看来发展石油工业还得革命加拼命"，下幅写"独立自主，自力更生，艰苦奋斗，报效祖国"。会后，3241和32145两支钻井队鸣炮开钻，辽河石油大会战正式打响。

1970年4月4日，石油部军管会下发文件，自1970年4月1日起，辽河石油勘探指挥部（六七三石油勘探指挥部）正式挂牌，对下辽河的队伍统一领导。会战机构是仿效军队建制组建，会战指挥部下辖团，团下辖营。团设政委，营设教导员，连设指导员。1970年9月25日，辽河油田勘探指挥部再改名为"三二二油田"。

从1970年3月22日到年底的10个月之间，辽河会战参战人数高达万人，新疆克拉玛依油田、胜利油田均派人参战，辽宁省选调4000名知青，沈阳、大连、抚顺派出数百名技术人员，全国八省市万众一心。这一年钻井63口，生产原油5332吨、天然气4000多万立方米，正式向鞍钢输送天然气。

人烟稀少的南大荒，风中摇曳着芦苇荡，漫天飞舞着雪花，住的是干打垒，走的是搓板路，喝的是鸭子汤。这里说的鸭子汤不是

油田壮歌（2） 1970年

煮鸭子的汤，说的是无边的沼泽地水泡子不计其数，常有鸭子在结着冰碴的水泡子游动，用这种水烧的饭菜被称作"鸭子汤"。路面和稻田地被雨水冲洗变得高低不平，经冰冻，行走在上面就像在搓衣板上一样，被称作"搓板路"。

地震，洪水，井喷，暴风雪，大地将要封冻时是施工最有利的季节，辽河下游的冬天严寒凛冽，数千名物探工人在暴风雪和芦苇荡里穿梭，在沼泽中行走。大雪没膝，鞋裤结冰，施工作业人拉肩扛着设备。会战初期盖起的草垫子房里，用木板搭成通铺，1971年建成的两栋红砖房用苇把子做成拱形的半圆屋顶，这就是辽河油田最早的楼房。

1972年，辽河湿地开展"百日会战"，1973年9月1日再次开展"百日会战"，全国各油田又一次派人参战。华北石油勘探局来了，四川石油局来了，胜利油田来了。1974年1月，燃化部再从长庆、大庆、胜利、江汉等油田抽调成建制的钻井、机修等队伍会战辽河，会战队伍高达28000人。

发生在渤海之滨双七井畔千人会战抢上固井水泥的感人一幕，至今令许多辽河油田"老石油"难忘。

双七井是3273钻井队在双台子河口西打的一口重要探井。这口井方圆几十里内烟波浩渺，芦苇茫茫，人迹罕至。

3273钻井队为了顺利完成钻井任务，需要在冬天趁着河流苇荡冰冻，把打井设备、几个月的粮食等运送到井场，否则来年春天开化后，这里就会成为一个孤岛，车辆根本无法驶入。

1975年7月上旬，双七井完成钻井任务。但因为海潮袭击，冬季运进去的固井水泥已大部分变质报废。由于井场四周被水围困，车船通行不畅，固井水泥无法及时运达。多拖延一分钟，就会多一分井壁坍塌的危险，这口重点探井就将报废，也就意味着对双台子

油田壮歌（3）　1970年

油田壮歌（4） 1970年

构造这片区域的勘探宣告失败。

刻不容缓。在完井急需水泥固井的严峻形势面前，油田领导班子决定：发扬大庆会战的光荣传统，立即组织千人会战，闯苇荡，涉沼泽，人抬肩扛把千余袋水泥送上去。

7月12日，天刚蒙蒙亮，全油田会战队伍从四面八方集结到了双台河东岸，汽车喇叭声划破了黎明的寂静。

前来参战的广大干部职工，从双台河东岸上船，经过一个半小时劈波斩浪的航行，到达对岸下游的一个滩头。从滩头大坝出发，或一人肩扛，或两人抬着100斤重的整袋水泥走8公里的路程才能到达井场。

参加这次会战的有钻井、井下、采油、油建、物探、运输、供应、机修、汽修、矿建、地质、设计、医院和局机关共计14个单位的1300余名职工。

7月的天，芦苇荡里密不透风，头顶是炎炎烈日，身边是成群的蚊虫，汗水如雨水般顺着脸颊往下淌，人们的衣服迅速被汗水打湿。

有许多参加会战的同志穿着凉鞋，一进苇塘，鞋就陷入泥里拔不出来，芦苇根扎在脚上钻心地疼，但人们根本顾不上捡鞋，光脚忍痛继续负重前行，单程最快也要走上一个多小时。一路上，人们互相勉励着、搀扶着。当队伍行进到离井场还有五六里远的地方时，大家发现就是这样一条残缺不全、巴掌宽的小坝埂也完全断了，前面横着一段六七百米长的烂泥塘。一步迈进去，泥水没腰深，浅的地方也没过了腿肚子。大家只得在沼泽、苇荡里深一脚浅一脚地蹚着走，有的人走了不到10步远，就跌倒了三四次。淤泥没到腰，人们就把水泥高高擎起来；人倒下去了，就把水泥撂在自己的背上、胸上。

在过烂泥塘时，水电厂7名参战女工中年纪最小的陈华一下子摔倒了，100斤重的水泥压在她身上。同志们立即赶过去拉她，刚刚二十出头、满脸稚气的陈华说："先别管我，快抬水泥，别被水浸湿了。"

为争抢时间，防止井壁坍塌，人们扛着100斤重的水泥在苇塘里艰难跋涉。堤埂窄只能单行，大家扛着水泥歇不能歇，放不能放，只能咬牙忍痛坚持着，到了最后有人肩头被磨得血肉模糊，有人嘴唇都被自己咬破，强酸腐蚀性的泥浆甚至烧坏了他们的皮肤……

这次历时30多个小时的千人大会战，换来了丰硕的成果。固井后证明双台河以西不但有油，而且油藏丰富，扩大了辽河油田的范围，也写就了辽河油田的又一页会战史。

1976年，油田勘探区域快速向西部欢喜岭的苇塘深处和河口方向发展，需要在苇塘区筑路。在苇塘中筑路，只能在冬季结冰后进行。

为此，辽宁省发起了冬季筑路会战。短短10天里，沈阳、锦州、营口、鞍山组成4个民兵师，共计民兵63000人参战。工业学大庆，农业学大寨，"早上三点半，晚上看不见"。营口县民兵团结合会战实际学习毛主席《论十大关系》，认识到修好油路是干自己的事。他们有一个连队来自塔山，塔山阻击战是解放战争中的重要战役，锦西民兵团向塔山英雄们学习，他们在工地上脱掉棉衣大干苦干。

1976年冬季筑路会战，共筑路56.32千米，垫井场10个，打通欢喜岭地区8千米路面和涵洞，整个工程仅用1个月。

1977年冬，辽宁省再次为油田组织筑路大会战，目标是建13条道路。此次会战有锦州、沈阳、铁岭、鞍山、营口5个市（地）26个县、区，450个公社民兵62500人。12月中旬，竟然连下大雨，黑山农建团窝棚漏雨，水深没脚，他们就坐到天亮。有的连队无法做饭，就抓一把炒豆走向工地。1977年会战结束，共完成道路16条。冬季筑路大战连续3年。

站在2023年的盘锦大地，回望50年前，那时候的红海滩没有今天这般紫红，那时候，招展的红旗漫天铺展。今天高楼林立的楼间仍有抽油机在不断地点着头，盘锦是一座建立在石油开采作业区上的城市。

辽一井作为下辽河平原的第一口参数井，位于辽宁省盘锦市大洼区东风镇黄金带村，始建于1964年2月。地质部第二普查大队3207钻井队顶着严寒，怀着"我为祖国献石油"的使命，用了近5个月的时间，硬是靠着人拉肩扛运来了一批批生产物资，矗立起荒原上第一座钻塔。

1965年2月15日，辽一井完钻，井深2720.48米。从辽一井开始，下辽河盆地勘探捷报频传。

如今，辽河油田已经有50多年的开发历史，1986年产量突破1000万吨，成为全国"油老三"，油田最高峰时原油产量达到了1552万吨，目前油气产量当量保持在1000万吨规模。到2022年，已经在千万吨规模连续稳产37年，创造了稠油勘探开发的奇迹，为我国原油上产作出了重要贡献。

当年参加过大会战的人们都已年过古稀，许多人已经过世。过去的岁月和战鼓声凝固成辽河油田的一座座雕塑，过去已成故事，甚至是无法想象的故事，但这些故事实实在在、真真切切地发生过。

辽河油田人要讲的故事还有很多，甚至每一口井都有自己的故事。他们会给参访者讲述冰火七英雄的故事，讲那些油田的工人怎样在即将入海的冰凌中和烈焰殊死相搏。他们会给孩子们讲起女子采油队的故事，讲她们怎样像男人一样勇挑重担，付出了比男人更多的努力。他们会讲曾经的油区如何抗震救灾，会讲今天治水御洪的历史革命。

这里的故事仍将继续，新故事纷至沓来，但过去不应该被忘记，那些难以置信的故事早已载入难以评说的史册。

工业

"山海有情 天辽地宁"
文体旅融合出版

『视』觉盛宴
配套视频，
在线博览辽宁魅力

扫码云游

『声』临其境
听有声书，
聆听辽宁古今文化

『图』说辽宁
高清摄影，
带你品鉴辽宁风情

音频、视频等以图书内容为基础，有改动。